网络断层：
现象、效应及治理

成　泷◎著

科学技术文献出版社
SCIENTIFIC AND TECHNICAL DOCUMENTATION PRESS
·北京·

图书在版编目（CIP）数据

网络断层：现象、效应及治理 / 成泷著. -- 北京：
科学技术文献出版社，2024.5. -- ISBN 978 - 7 - 5235
- 1442 - 9

Ⅰ. TP393.4

中国国家版本馆 CIP 数据核字第 202446UF64 号

网络断层：现象、效应及治理

策划编辑: 张 闫　　责任编辑: 王 培　　责任校对: 王瑞瑞　　责任出版: 张志平

出 版 者	科学技术文献出版社	
地 址	北京市复兴路15号　　邮编　100038	
编 务 部	(010) 58882938，58882087（传真）	
发 行 部	(010) 58882868，58882870（传真）	
邮 购 部	(010) 58882873	
官 方 网 址	www.stdp.com.cn	
发 行 者	科学技术文献出版社发行　　全国各地新华书店经销	
印 刷 者	北京厚诚则铭印刷科技有限公司	
版 次	2024 年 5 月第 1 版　2024 年 5 月第 1 次印刷	
开 本	710×1000　1/16	
字 数	209千	
印 张	13	
书 号	ISBN 978 - 7 - 5235 - 1442 - 9	
定 价	49.00元	

前　言

　　创新驱动是中国经济高质量发展的根本所在，是加快建设创新型国家的必由之路。面对百年未有之大变局，新发展阶段、新发展理念、新发展格局的提出，对创新驱动提出了更高要求，其成功实施需要有效的技术创新组织作为基础。技术创新网络作为企业间合作创新活动的主要组织形式，已成为全球开放式创新的主流趋势，并取得了突出成效。研究发现，技术创新网络中普遍存在子群现象。当组织增加其合作活动并与其他组织建立多样化联系时，会促使技术创新网络演化过程中大部分的关系聚集，形成局部联系紧密、具有多重独立路径特征的凝聚子群。这些凝聚子群会对创新网络的运行过程和结果带来"双刃剑"效应。一方面，凝聚子群能够增加企业间的信任度，促进创新资源的自组织集聚，这有利于企业间的知识和信息共享，进而对技术创新起到积极作用；另一方面，过度的凝聚子群会限制子群内企业获取新颖性知识的机会，从而阻碍技术创新。

　　本书以网络断层为核心概念，对技术创新网络中的凝聚子群现象开展深入研究。与以往研究直接通过计算机进行子群识别不同，本书更关注"为什么形成子群"的问题，认为网络断层是导致技术创新网络中子群形成的重要前置因素，并在此基础上探讨了网络断层通过形成子群对技术创新网络带来的影响，主要内容分为现象篇、效应篇和治理篇。

　　现象篇主要围绕"网络断层是什么、有何现实表现？"展开。首先，本书介绍了群体层面的断层概念、理论基础、断层构成及其影响；其次，借鉴组织间层面的断层研究，界定网络断层的内涵与特征，对比网络断层与群体断层的差异，完成对网络断层的规范描述，从多样性和嵌入性两个方面剖析网络断层的理论基础，将网络断层划分为属性型断层与关系型断层两类，为实现网络断层的测量及进一步研究提供基础，并以全球智能手机操作系统为例，对智能手机技术创新网络发展现状进行解析，以此反映网络断层的具体表现；最后，为加深对网络断层的理解，采用谱聚类的方法实现了对两类网络断层的可视化。

效应篇主要围绕"网络断层有何影响？"展开。首先，主要探讨了网络断层对凝聚子群及技术创新带来的影响；其次，详细介绍了凝聚子群的内涵与作用的相关研究，将创新网络的子群演化特征总结为子群分隔、子群融合和小世界3个方面，重点阐述了网络断层与凝聚子群的区别和联系，并通过实证研究了两者的关系；最后，以知识共享、创新结果和技术融合为例探讨了网络断层对技术创新带来的影响。

治理篇主要围绕"如何发挥断层的积极作用？如何抑制断层的消极作用？"展开，主要以边界跨越者理论为基础，探讨了边界跨越者的位置、权力、属性等静态特征，以及边界跨越者的跨群运动等动态特征对网络断层的治理作用，并在此基础上提出网络断层的协调性、稳定性和结构化治理机制。

本书是近几年围绕网络断层理论开展系列研究的阶段性成果，感谢我的导师党兴华教授长期以来对我的指导和帮助，也感谢"西邮融合创新团队"的楼旭明、贾卫峰、陈子凤、尤晓岚、刘立、杨扬等老师及刘依欢、王梦、张诗媛、张瑞兵等同学对书稿的评价和建议。在整个书稿的撰写过程中，第1至第4章由研究生牟书婷和席莹月协助完成，承担工作量约6万字；第5至第7章由研究生霍昱钊和张馨露协助完成，承担工作量约6万字，感谢你们的辛苦付出！

因水平有限，本书难免存在一些问题，如有疏漏之处，敬请读者指正。

目　　录

/ 效应篇 /

/ 治理篇 /

为什么关注网络断层？

技术创新为企业发展和社会进步谱写了华美的乐章，而合作则是当前技术创新的主旋律。由多个企业或组织通过合作关系构成的技术创新网络如同一个巨大的知识池，能够为企业接触新知识或进行知识重组提供重要机会。在技术创新实践中，越来越多的企业通过参与技术创新网络进行合作创新而取得成功。同时，随着整个创新生态系统的开放性日益增强，技术创新网络变得越来越复杂。例如，创新主体的多样性和主体间关系的复杂性，使技术创新网络呈现出整体统一与局部模块独立的松散耦合特征。网络成员之间往往既相互合作又相互竞争，既相互信任又相互怀疑，这使得技术创新网络在整体上表现出较为稀疏的网络形态，可能继续分解为多个更小的子群。学者们已经认识到技术创新网络中普遍存在的派系、小团体、模块化、社群等中观子群结构会对组织创新行为和绩效产生重要影响，但这些研究均根据数据统计特征，利用计算机算法直接进行子群识别，对网络子群结构的前置因素缺乏探讨。与此同时，在多样性与子群的相关研究中，断层概念逐渐引起学者们的重视。子群是断层研究的重要内容，断层发挥作用的核心机制是子群形成的可能性，以及子群之间界限的明确性。近期已有研究将断层理论从个体间群体层面扩展至组织间群体层面，但关于组织间群体层面断层概念的内涵、构成及对组织间群体带来的影响等问题仍不清晰。将组织间群体层面的断层理论引入技术创新网络，一方面能够为探索中观网络子群结构的前置因素提供重要依据；另一方面也为断层理论在组织间网络层面的进一步扩展奠定基础。

第1章 绪 论

创新网络中普遍存在着子群现象，由组织间经验共享程度差异引发的网络断层是子群形成的重要驱动力，并且网络断层会通过子群结构对网络运行结果产生重要影响。例如，智能手机作为移动通信领域一项极具破坏性的创新成果，其本身就是技术融合的结果。智能手机操作系统从最初的百花齐放，到如今形成以 iOS 和 Android 两大阵营为主的创新生态圈，仅用了十几年时间。这两大阵营中的伙伴成员仿佛被一条"网络断层线"划分为两个边界清晰、技术相对独立的网络子群。两个子群内的企业都获得了良好的创新收益，并一起打败了曾占统治地位的 Symbian 和 BlackBerry 系统。作为两个子群的核心企业，苹果和谷歌在获取巨额利润的同时，也对子群的发展起着决定性作用。本书通过引入网络断层概念以探寻技术创新网络中子群形成的有关问题，进而研究网络断层通过子群结构对技术创新带来的影响，以期为子群研究提供新的理论视角，并为断层理论的进一步扩展奠定基础。本章主要介绍研究的现实背景和理论背景、提出研究问题、设计研究内容、构建研究框架。

1.1 现实背景

（1）网络化环境下合作创新成为新时代技术创新的重要方式

现实中很多系统都可以用网络来表示，如 Internet 网络、电力网络、交通网络等技术网络，社交网络、人情网络、通婚网络等社会网络，万维网、引文网络等信息网络，以及新陈代谢网络、蛋白质交互网络、神经网络、生态网络等生物网络。通过研究这些从物理学、计算机科学、生物学和社会科学等许多领域中抽象而成的网络，有助于研究者剖析构成系统的个体和个体间联系的本质规律,以及系统各组成部分之间的连接模式。对于一个给定的系统,都可以用网络表示为节点和连接节点之间的线的集合。从这个角度讲,技术创新网络是以创新为目的,由组织(企业)节点及连接节点之间的线(合作关系)的集合组成。长期以来,无论是企业自身的特征,还是企业间的连接模式,都是技术创新网络研究关注的重点内容。合作是技术创新网络形成的基础,也是企业持续发展的关键。技术创新网络主要以企业间合作为研究对象,但合作绝不仅限于企业之间,企业内部同样存在大量的合作创新活动。例如,美国苹果公司新总部园区在最初的设计阶段,乔布斯就为如何促进员工间的合作(迫使员工互相接触)费尽心思,并试图通过只建一个餐厅、隔间的一面用玻璃门等形式达到这种目的。因为乔布斯认为灵感是碰撞出来的,工程师既需要高度专注,也需要头脑风暴。用其话说就是"如果一个建筑不能鼓励合作,我们将失去很多创新"。在企业外部,苹果公司也积极寻求合作。例如,苹果公司与 AMD、三星电子、高能等 IC 器件生产企业,与闪迪、美光、旺宏等内存生产企业,与希捷、西部数据、日立等硬盘生产企业,与精工爱普生、大真空等被动器件生产企业,与南亚、台郡、华通等 PCB 生产企业,与安费诺、日航电子、良维等连接器生产企业,与可成、精利等结构件和机壳生产企业,与贝迪、安洁科技等功能件生产企业,与新日兴、Acument 等铰链和紧固件生产企业,与 Seiko Group 等光学元件生产企业,与瑞生科技、楼氏电子等电声组件生产企业等都存在产业链方面的合作。此外,与 Android 系统的高度开源相比,苹果公司的 iOS 系统相对封闭。尽管如此,苹果公司为了完善 iOS 系统而与外部企业的合作也不罕见。例如,苹果公司与 IBM 于 2014 年达成全球战略性合作伙伴关系,通过优势资源互补,共同打造企业级解决方案。具体来说,苹果会利用 IBM 的企业客户渠道和大数据分析能力,将 iPhone 和 iPad 注入更加专业的商业功能,打造 100 余款企业 iOS 应用,从而改善企业用户使用苹果产品的体验,并且提供完善的后续服务支持。为了进一步渗透到企业市场,苹果公司的"移动伙伴项目"的合作伙伴已经达到 100 多家,包括思科、德国 SAP 等,覆盖全球 20 多个国家和地区。

合作对于技术创新的重要性日益凸显,国内产业联盟的快速发展便是重要佐证。自 20 世纪 90 年代以来,产业联盟开始在中国悄然兴起,至目前已经成为一种重要的产业组织形式,对产业发展、企业成长特别是高新技术企业的快速成长具有重要意义。例如,早期的 TD-SCDMA 产业联盟(由大唐电信集团等八家企业于 2002 年自发组成）、闪联产业联盟（以联想、TCL、长虹、创维、海信、康佳和中和威等 IT 企业于 2006 年联合成立）、WAPI 产业联盟（中关村无线网络安全产业联盟，由三大电信运营商和 ICT 领域骨干企业于 2006 年成立），以及近年来成立的中国智能家居产业联盟（由中国从事智能家居相关技术和产品研发、生产、经营、销售单位及有关社团组织于 2012 年共同成立）、中国机器人产业联盟（由中国机械工业联合会于 2013 年牵头成立）、工业互联网产业联盟（由工业、信息通信业、互联网等领域百余家单位于 2016 年共同发起成立）等。这些产业联盟自成立以来都取得了持续的发展，联盟成员数量也不断增长，从几十家到几百家不等，他们都对建立相应产业的技术标准，推动技术创新和产业发展做出了重要贡献。从一定程度上讲，这些产业联盟已经具有网络特征。构成技术创新网络的网络成员可能来源于这些产业联盟，但网络的范围也不仅限于这些联盟，并且技术创新网络在合作的范围、合作持续的时间性及成员数量等方面与产业联盟存在差异。技术创新网络是由不同成员通过合作技术创新关系连接形成的网络组织。网络成员之间的相互合作往往是知识扩散的重要方式，因此，为了获取更多知识，参与技术创新网络的企业成员往往与多个企业存在合作关系。

（2）特定的伙伴选择偏好使技术创新网络表现出一定程度的局部凝聚性

在寻求合作伙伴的过程中，企业通常依赖于自身的资源需求，表现出特定的伙伴选择偏好，而且这些合作关系的分布也不均匀，企业总是与某些伙伴保持强关系，而与另一些保持弱关系。这导致在实践中，技术创新网络整体非常稀疏，密集的或封闭的网络结构非常罕见，且通常表现出一定的局部凝聚性。实际上，技术创新网络与大部分网络一样，都具备"子群"这种重要特征，这些子群由巨大且松散的网络中的一组联系紧密的节点组成。相关研究表明，技术创新网络这种由多个组织交互创新形成的组织间网络通常关系较为稀疏，可能继续分解为多个更小的子群（Gulati et al., 2012），且子群内部紧密连接，不同子群间关系微弱。以德国的汽车产业为例，随着全球汽车产业竞争加剧，尤其是亚洲企业的不断追赶，迫使德国生产商大幅提高成本结构，再加上产品和过程的复杂性日益增强，使得企业间合作成为迎接这些挑战的唯一解决方案，因为没有一个企业具备单独解决这些问题的所有能力。于是，德国汽车产业的整个生产过程具备了明显的网络特征，汽车的成本和质量都与网络的生产能力直接相关。Buchmann 和 Pyka（2015）利用 1998—2007 年德国汽车产业

的 R&D 项目数据，对德国汽车产业创新网络的演化过程展开研究。他们发现具有高度吸收能力的企业往往更容易参与到创新网络中，而"派系"的建立在整个过程中起着非常重要的作用，并且可以广泛地观察到三元结构的形成。此外，如果把全球智能手机产业看作整体网络，那么围绕 iOS 系统的合作创新网络也可以被看作是以苹果公司为核心的局部凝聚子群。同样，产业联盟中也随处可见凝聚子群现象，例如，刘颖琦等（2016）以中国 30 个新能源汽车产业联盟为基础绘制了中国新能源汽车产业联盟网络图，从中可以明显看出网络中存在大量相对独立但又存在一定重叠的凝聚子群，且这些子群往往专注于不同的技术领域。发明专利是衡量一个企业创新能力的重要指标之一，且具有较强的专有性和独占性。尽管如此，企业间联合申请专利的情况也很常见，叶春霞等（2015）通过对我国企业间专利合作网络的演化研究发现，网络中存在大量子群，大子群数量较少但更为稳定，小子群数量较多但很容易瓦解。企业间合作伙伴的选取以集团内合作或母子公司合作为主，合作群体大多属于同一技术领域或同一行业，技术相似性较强。网络中存在一些中心节点起着很重要的作用。这些研究充分说明，技术创新网络中普遍存在凝聚子群现象。

近年来，中国在多个高技术产业领域取得了巨大进步，其中电子信息产业无疑是中国产业布局的重中之重（Lei et al., 2016）。本书以国家重点产业专利信息服务平台为数据来源，以电子信息产业目录下的电气设备行业为例，利用组织间联合申请发明专利构建技术创新网络。从图 1-1 可以看出（图中仅保留了在不同年份参与合作创新至少两次以上的企业节点），我国电子信息产业发明专利联合申请数量不断上升，这不仅说明我国电子信息产业的创新能力在不断增强，也说明组织间合作对技术创新越来越重要。

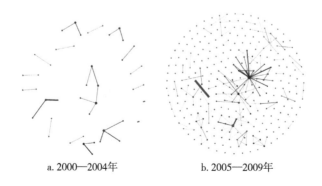

a. 2000—2004 年   b. 2005—2009 年

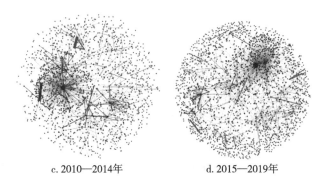

c. 2010—2014年　　　　　　　d. 2015—2019年

图 1-1　电气设备行业网络拓扑图

注：数据来源于国家重点产业专利信息服务平台。

　　图 1-1 将电气设备行业企业间联合申请专利划分为 2000—2004 年、2005—2009 年、2010—2014 年及 2015—2019 年四个时间段，采用社会网络分析方法可以发现该技术创新网络具有以下几方面特征：一是网络规模在急剧扩大，而网络密度却在不断变小。这说明参与合作创新的企业节点越来越多，但从总体来看企业间的联系并不紧密，整体网络中的连接非常稀疏。这种情况与大多数行业的技术创新网络实践保持一致。二是局部密度聚类系数呈逐渐增大的趋势。这说明尽管整体网络密度在不断变小，但局部凝聚性却在不断增强。从图中可以看出，技术创新网络存在明显的"抱团"现象，并且整体网络并没有实现全连通，而是存在多个独立的小团体。这种局部凝聚性也是大多数技术创新网络都具备的特征，表明企业在合作创新过程中并不会与所有可能的潜在伙伴都进行合作，而是具有一定的伙伴选择偏好。三是图中群体程度中心性、个体程度中心性的均值及方差均呈现增长趋势。这说明网络中程度中心性最高的企业与其他企业程度中心性间的差距在不断扩大，大部分合作关系掌握在少部分关键节点企业手中。参与合作创新的企业个体程度中心性均值变化较小，而方差变化较大，说明网络中的关系分布并不均匀。大部分企业的程度中心性较小，而少部分企业的程度中心性较大。在该行业中，国家电网公司、中国电力科学研究院、国网山东省电力公司电力科学研究院、清华大学、中国科学院物理研究所等节点占据了重要的网络位置，它们在子群形成过程中起到了重要作用，子群间通过它们建立稀疏连接，使得信息和资源在网络内传播。

1.2　理论背景

从上述分析可以看出，技术创新网络实践中普遍存在着子群现象。针对这些子群现象，相关的学者对其进行了详细的研究探讨。

（1）现有研究体现出了对子群现象持续的关注，但对子群形成的相关问题讨论不足

子群现象是社会学领域研究的重要内容之一，主要关注子群在整个社会系统中与大环境之间、各个子群之间及子群内部各个成员之间的关系（刘军，2014）。技术创新网络对子群现象的研究，主要得益于社会网络领域对凝聚子群的分析。但是，由于研究对象的差异，社会学领域的理论基础并不能直接照搬于技术创新网络中。因此，相对于社会学领域对个体间群体的研究而言，技术创新网络中对组织间群体的子群现象研究还不够充分。将技术创新网络划分成不同子群能够反映出网络组织的层次和内容，并且通过参考社会网络及其他相关领域研究，可以有大量的技术和方法为提取和分析技术创新网络中存在的子群结构提供帮助。技术创新网络中的子群研究主要集中在两个方面：一类研究参考社会学领域的方法对技术创新网络中的凝聚子群这种社会结构进行描述性分析。这类研究通常利用社会网络分析方法，考察某些特定技术创新网络的网络密度、平均路径长度、聚类系数和中心性等网络特征，并通过网络拓扑图及子群的网络特征揭示网络中的子群现象，从而发现企业间建立关系的趋势（赵炎 等，2016；陈文婕 等，2015）。例如，Sytch 等（2011）通过对全球计算机行业网络的研究发现，企业间通过合作关系形成紧密连接的社群结构，这种社群结构进一步强化了成员的同质化连接倾向（专门从事计算机存储技术的企业通常与其他存储公司结成伙伴关系），使不同社群之间的知识存在异质性。这说明在企业与企业之间的关系网络中，一些企业会凝聚成小团体并始终在一个特定的经济领域内活动。另一类研究在分析子群结构的基础上，探讨子群结构或子群内部的结构特征为技术创新网络带来的影响。这类研究从不同的视角产生了多种观点：一种观点认为，技术创新网络整体结构比较松散，而创新活动则主要发生在局部紧密联系的凝聚子群内部。由于子群内部企业之间的重复连接，能够增加企业间的信任度，促进创新资源的自组织集聚，这有利于企业间的知识和信息共享，进而对企业的创新绩效起到积极作用（Schilling et al.,

2007；赵炎 等，2014）。另一种观点认为，过于稀疏或过于密集的技术创新网络均不利于企业创新绩效。因此，适当的凝聚子群有利于企业间知识和信息的传播，对创新绩效表现出积极作用。但是，过度的凝聚子群会限制子群内企业获取新颖性知识的机会，从而阻碍创新绩效提升，即子群与创新绩效之间呈现出倒 U 型关系（赵红梅 等，2013；Chen et al.，2010）。还有一种观点认为，子群对不同层面的企业绩效具有差异性影响。例如，Shore（2015）发现子群对问题解决的两个方面（包括探索信息和探索解决方案）有相反作用，即网络子群结构鼓励成员探索更多样化的信息，但减少探索新的解决方案。除了上述几种观点以外，近期的研究开始关注不同子群之间的跨界连接、子群间成员的跨群流动等对企业创新绩效的影响（Sytch et al.，2014）。这类研究认为通过在不同子群之间建立联系，可以大大降低子群内部企业在获取新颖性信息时的阻碍。

尽管技术创新网络中的子群现象已经引起学者们的重视，但现有研究大多利用计算机算法直接进行子群识别，通过分析子群的社会结构特征而探讨子群对技术创新网络带来的影响，对子群形成的相关问题关注较少。Duysters 和 Lemmens（2003）从联盟网络中组群形成的角度探讨了类似的问题，该研究认为组群形成的原因可以从以下几个方面理解：一是社会资本视角。密集、凝聚和冗余的网络容易产生群体社会资本，能够促进企业间的规范和信任，导致较强的社会凝聚性。二是交易成本视角。当信息不完备时，为避免与新伙伴合作所面临的不确定性，企业会选择与熟悉的伙伴合作。三是相似性视角。相似性伙伴之间更容易共享信息，吸收彼此的技术能力也更为简单，这种"相似吸引"机制会形成较强的凝聚性。四是关系惯性视角。过去的伙伴关系会为企业寻求新伙伴带来压力，造成组群内的锁定效应。这四种不同视角为探索技术创新网络中子群形成的相关问题提供了理论基础，但这几种视角仍将组群看作是多个二元关系的集合，没有从整体网络层面去理解，也缺乏相关的理论来整合这些不同的视角。

（2）网络断层理论为探索子群形成的微观过程提供了新思路

网络断层是团队层面的断层理论在组织间层面的扩展，而断层概念最早来源于组织管理领域的团队多样性研究，主要探讨个体间群体中的子群问题。Lau 和 Murnighan（1998）将断层定义为"根据一个或多个属性（如性别、年龄等人口统计特征），把群体或团队划分成两个或两个以上子群的假定分界线"。

断层已被证明对组织运行结果（如信任与冲突、学习、绩效等方面）具有重要影响（Ndofor et al.，2015）。子群是断层研究的重要内容，断层发挥作用的核心机制是子群形成的可能性，以及子群之间界限的明确性（Thatcher et al.，2011）。与传统的多样性研究只考虑一种属性不同，断层能够同时反映成员间多种属性的聚合问题，即成员间相似属性越多，属性聚合程度越高，断层形成的可能性越强，成员间越可能凝聚成子群。这为探索技术创新网络中子群形成的微观过程提供了思路。然而，虽然断层研究日渐丰富，但目前学者们大多从个体属性方面研究群体、团队或组织层面的断层，组织间层面和网络层面的研究仍不多见。Thatcher 和 Patel（2012）曾呼吁学者们对联盟、社会网络等层面的断层研究的探索。随后，Heidl 等（2014）在研究多边联盟的稳定性时将个体间群体的断层概念扩展至组织间群体层面，认为企业间关系强度的不均匀分布会导致合作共享经验的程度差异，进而产生潜在的断层，使多边联盟分裂为多个派系，甚至消散。该研究将断层视为企业间二元关系强度在整体网络层面的分布情况，其本质是伙伴间共享经验的程度差异，即不同企业之间合作程度的差异而引起的关系强度不平衡状态。这种状态会导致部分合作紧密的企业间形成较强的凝聚子群，而弱关系的企业则被排除在凝聚子群之外。

同样，技术创新网络的过程和结果也受到子群的强烈影响，对凝聚子群的分析是理解技术创新网络结构及个体嵌入性的重要工具。无论是组织内部还是组织外部，子群都是普遍存在的现象。对组织内部而言，多个中高层管理者之间形成不同子群会影响企业的创新过程。如 Vuori 和 Huy（2016）在研究诺基亚的创新过程时，发现中层领导和高层领导之间产生了不同的情绪，高层领导由于惧怕外部竞争而向中层领导施压，中层领导提防上司而减少向上司反映负面信息，使高层领导对于公司的技术能力过于乐观，并忽视了对公司技术创新的长期投资。对组织之间而言：一方面，组织作为一个复杂的自适应系统，嵌入在由很多不同节点组成的多样性网络中（Shipilov et al.，2014）。从这个角度讲，创新是由来自不同行业、社会和技术网络的多个成员相互作用的结果，多样性成员是构成技术创新网络的基础。这些多样性成员对合作关系的构建和发展都具有非常重要的影响。另一方面，企业之间的现有关系模式也会影响未来的伙伴选择行为。例如，在全球手机行业，谷歌围绕 Android 操作系统选择与三星和 HTC 合作，并最初通过 Verizon 运营商在美国进行推广，这起因于苹果已经与 AT&T 建立了合作。谷歌公司的伙伴选择策略，表明现有的合作关系（第三方）影响了网络结构。同样，谷歌、HTC、三星的伙伴关系，也使得微软选择诺基亚作为合作伙伴。另外，网络中的部分组织间还可能同时存在多种不同的合作关系，且不同成员各自拥有独立的研究领域或兴趣，其文化、目标、技术标准等也不尽相同，创新过程中涉及的关系、时间和文化等复杂性，也为技术创新网络的协调和治理带来了新难题（Garud et al., 2013）。因此，企业间合作并不意味着成功，相反，失败是比较常见的。在不同行业，联盟解散的可能性高达 50% ~ 80% 不等（Bakker, 2016）。

技术创新网络的多元性和复杂性特征已经成为新的经济形式下合作创新的新常态。在这种情况下，网络成员之间由于不同的伙伴选择偏好，彼此可能存在不同程度的信任和关系，进而造成技术创新网络中不均匀的伙伴关系分布。存在较强信任和凝聚关系的网络成员之间容易形成合作并分享经验，与此同时，这些成员与其他伙伴之间的合作和经验共享会大大减少。这种经验共享的差异性会使保持强关系的成员之间形成凝聚子群，而弱关系的成员被排除在子群之外，造成"群体内（in-group）"与"群体外（out-group）"的子群问题。因此，由多个异质性组织相互合作构成的技术创新网络也可能产生断层现象。从网络断层的视角出发，可以揭示技术创新网络中子群结构形成和发展的内在机制。

（3）伙伴选择理论为开展网络断层和子群研究奠定了理论基础

从整体网络角度，网络形成是由许多过程相互作用并共同发生的结果。解释组织间网络形成的核心问题是探索网络成员的伙伴选择过程。从以往的研究来看，对利益的追求是伙伴选择的根本动机，如获得新市场和技术、加速产品市场化、联合互补技术、维护产权、风险共担、获得知识探索和开发的机会等。在组织间网络形成的相关研究中，学者们通常从构成变量（组织的属性特征）和结构变量（组织间的二元联系）两个方面进行网络分析。在组织层面，网络成员的特征和属性是网络形成的关键要素（Dagnino et al., 2015）。组织根据特定特征选择合作伙伴（相似性选择），或对伙伴的互惠行为提供的机会做出回应，各种组织特征如资源、技术能力或组织声誉会对组织的伙伴选择倾向具有重要影响（Gu et al., 2014）。此外，网络成员的异质性属性对创新网络过程和结果也具有重要影响。对于成员属性特征而言，对哪些维度是最重要的尚没有结论，研究者也不可能在某一项研究中讨论所有维度，因此，学者们通常的做法是关注特定研究中能够观测到的相关维度（Lavie et al., 2012）。在

组织间二元联系层面,关系嵌入性理论被广泛运用以解释技术创新网络中伙伴关系选择、网络形成和消散等动态过程(Baum et al.,2010;Polidoro et al.,2011)。组织间前期关系或多重关系将影响网络形成(Shipilov et al.,2012)。在网络相关研究中,成员间联系方面的实证研究较多,而探索成员特征对网络过程和结果的影响方面研究较少(Mindruta,2013),但两个方面因素都是研究伙伴选择问题时的重要内容。组织的属性特征和组织间二元联系分别强调了创新网络形成的"诱因"和"机会",前者表明技术或商业资源需求是导致企业与其他企业形成网络关系的诱因,后者强调企业的现有关系和网络能力是形成和发展网络关系的机会。这两种因素同时也与基于资源基础观的多样性理论和基于网络嵌入性的嵌入性理论相通。

在相关文献中,团队层面的断层概念用社会认同理论和自我分类理论来解释断层形成过程,而多边联盟层面的断层概念则从关系嵌入性视角来剖析以往的关系分布对未来网络动态性的影响,认为由关系强度的不均匀分布引起的经验共享程度差异是产生断层的重要基础。从本质上看,其理论基础的本质都是伙伴选择问题,只是由于两种研究分别隶属于不同研究领域,导致前者多从个体的属性特征来理解断层的形成过程,而后者多从企业间的二元联系来理解断层的形成过程。显然,在组织间网络的研究中,无论是组织的属性特征,还是组织间的二元联系,都是伙伴选择研究关注的重点内容,而伙伴选择偏好更是网络中形成"抱团"现象的原因,是形成网络子群的重要基础(罗吉 等,2016)。因此,在探讨技术创新网络中的子群形成问题时,网络断层理论能够提供新的理论视角,而伙伴选择理论则是重要的理论基础。

1.3 研究问题

从上述分析可以看出,技术创新网络中普遍存在着子群现象,学者们针对这些子群现象开展了广泛的学术研究,并取得了丰硕的研究成果。这些研究成果大都集中在两个方面:一是通过网络拓扑图揭示网络中的子群结构现象;二是研究这些子群结构对技术创新网络带来的影响。对于"这些子群结构是如何形成的?"这一问题缺乏深入的探讨。与此同时,与子群密切相关的断层理论逐渐引起学者们重视。该理论认为,断层发挥作用的核心机制是子群形成的可能性，以及子群之间界限的明确性。但是，断层研究也存在一定的局限性：一是，断层理论大都集中在团队和组织层面，组织间和网络层面的研究还不多见。二是，虽然断层理论强调子群的重要性，但少有研究分析并论证断层与子群间的联系。三是，在组织间层面的断层研究中，对断层的内涵与构成等缺乏系统分析，限制了组织间和网络层面断层理论的进一步发展。技术创新网络中的子群研究与组织间层面的断层理论从两个不同的领域关注了同一个问题：即"群体内"与"群体外"的子群问题。因此，本书通过整合这两个理论，试图从网络断层视角分析技术创新网络中的子群形成问题，以及影响此过程的情境条件。同时，本书还将探讨网络断层通过形成子群而对技术创新带来的影响。因此，本书提出以下研究问题：

第一，网络断层的内涵与构成，以及网络断层在技术创新网络中的现实表现是什么？通过研究该问题，可以为网络断层理论的进一步发展奠定基础。

第二，技术创新网络中普遍存在的子群现象，其形成的内在机制是什么？网络断层如何影响，以及在什么条件下影响技术创新网络中的子群形成？通过研究该问题，能够在一定程度上解答技术创新网络中的子群形成问题，并厘清网络断层与子群间的联系，为子群相关研究提供一个新的理论视角。

第三，网络断层是否通过形成子群而对技术创新产生影响？通过研究该问题，有助于探讨网络断层为技术创新网络带来什么样的影响，以及其作用的路径等问题。

第四，如何发挥网络断层的积极作用，抑制网络断层的消极作用？通过研究该问题，可以为技术创新网络的治理提供新思路。

1.4　研究内容

本书研究创新网络中子群形成的问题及网络断层通过形成子群而对技术创新带来的影响。针对这些问题，本书从三个篇章展开分析，即网络断层的现象篇、效应篇和治理篇，总体结构如图 1-2 所示。

（1）背景

主要阐述了研究的现实背景和理论背景，从中提炼出研究问题，并阐述了具体的研究内容和章节安排。

（2）现象篇

现象篇包括"第2章　断层：物以类聚，人以群分""第3章　网络断层：多样性与嵌入性""第4章　网络断层的可视化"三个部分。首先，对现有研究进行回顾和总结，具体包括断层的内涵及扩展、断层的理论基础、断层的构成及其对群体带来的影响。通过介绍这些理论，可以为将断层理论引入创新网络并开展后续研究奠定基础。其次，引入网络断层的概念，从网络断层的内涵与特征、网络断层的理论基础、网络断层的构成及网络断层的现实表现四个方面对创新网络断层进行解析。从理论角度解析网络断层的成因，将网络断层分为属性型和关系型两种，并给出网络断层视角下全球智能手机技术创新网络剖析。最后，为进一步展示创新网络中的断层，采取基于谱聚类的网络断层可视化方法将抽象的网络断层概念具体化。基于国家重点产业专利信息数据构建合作创新网络，分析得出领导型和自组织型两种网络类型，在此基础上探究网络演化趋势得出演化图谱，并分别展示第3章中提出的关系型断层和属性型断层在创新网络中的可视化结果。

（3）效应篇

效应篇包括"第5章　网络断层与凝聚子群""第6章　网络断层与技术创新"两个部分。效应篇的研究关注创新网络中的子群结构或子群特征，梳理了凝聚子群的相关研究、内涵与识别及它在网络中的作用，得出网络中子群的演化特征：子群分隔—子群融合—小世界。由于网络断层与子群的并发性，许多研究未明确区分网络断层与子群之间的差异，我们认为网络断层是产生子群的重要因素，并对网络断层与凝聚子群的关系进行解析与实证。

网络中存在的断层现象会通过派系、小团体、模块化、社群等中观子群结构对技术创新结果产生重要影响。因此，本书效应篇的第二部分就是通过研究网络断层通过子群结构对技术创新带来的影响，分别从网络断层与知识共享、网络断层与创新结果及网络断层与不同层面技术融合三个方向分析了网络断层与技术创新之间的关系，以期为子群研究提供新的理论视角，并为网络断层理论的进一步扩展奠定基础。

（4）治理篇

治理篇即"第7章　网络断层的治理：如何跨越边界"。网络断层会产生不同的子群，网络中成员通过区分其他成员分属子群内或子群外，而对子群边界划分的同时，阻碍了子群之间的信息交流，增加了子群之间的沟通障碍与隔阁，使整个网络产生创新成果低迷的情况。因此，治理篇就是探讨如何跨越边界实现网络断层的治理。我们梳理边界跨越者理论，分析其三种静态特征及动态特征的调节作用，发现边界跨越者作为组织间技术沟通的桥梁，可以帮助组织处理来自外部的信息，会抑制网络断层带来的负面效应，促进创新发展。在此基础上，我们提出了协调性、稳定性和结构化的网络治理措施。

（5）结束语

总结主要的研究工作和创新点，指出局限性和下一步的研究方向。

本书的结构安排如图 1-2 所示。

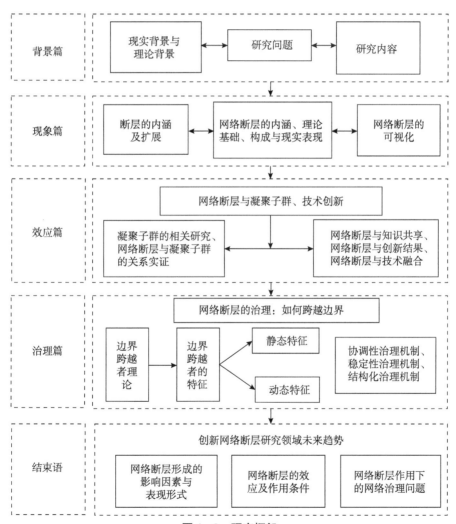

图 1-2　研究框架

网络断层是什么？有何现实表现？

经过 20 余年的发展，断层研究取得了丰硕的学术成果，但目前的研究仍主要集中在团队和组织层面。虽然已有学者将断层理论扩展至组织间层面，但相关研究仍十分匮乏。本部分首先介绍断层相关研究，包括断层的内涵、断层的理论基础、断层的构成及作用等内容；其次介绍网络断层相关研究，包括网络断层的内涵与特征、网络断层与群体断层的比较、网络断层的理论基础、网络断层的构成及现实表现等内容；最后介绍网络断层的可视化相关研究，通过利用谱聚类的方法，实现对网络断层的可视化，为网络断层的测度提供借鉴。

第 2 章　断层：物以类聚，人以群分

断层理论起源于群体多样性研究，网络断层概念则是个体间群体层面的断层理论在组织间群体层面的扩展。因此，有必要介绍个体间群体层面断层概念的内涵、构成和作用等方面的研究，作为引入网络断层概念的基础。

2.1　断层的内涵及扩展

群体或团队是组织应对经济、社会和技术挑战的核心。多样性对个体和组织都具有重要影响，对多样性的有效管理也是组织研究的重要课题。断层（faultlines）理论起源于群体或团队多样性研究，并主要关注由个体成员的人口学属性特征多样性引起的断层现象（Lau et al.，1998）。近年来，断层理论已逐渐从最初的团队层面扩展至组织和组织间层面，并开始关注多样性以外的其他因素（如企业间的关系强度分布）引起的组织间断层现象（Lawrence et al.，2011；Heidl et al.，2014；Zhang et al.，2017），如表 2−1 所示。

表 2−1　断层的内涵及扩展

断层理论	内涵	代表文献
群体断层（团队）	根据一个或多个属性（个体的人口统计学特征，如种族、性别、国籍和年龄等）把群体划分成两个或两个以上子群的假定分界线	Lau 和 Murnighan（1998）
组织断层（组织）	大型群体中成员间的属性聚合	Lawrence 和 Zyphur（2011）

续表

断层理论	内涵	代表文献
组织间断层（组织间）	企业间关系强度的不均匀分布	Heidl 等（2014）Zhang 等（2017）
	由于成员间共享经验的程度差异而引起的整体网络内部分化倾向	成泷 等（2017）；党兴华 等（2016）

（1）团队层面的断层研究：断层理论的起源

Lau 和 Murnighan（1998）最早将断层概念从"地质断裂带"引入团队多样性研究，认为断层是"根据一个或多个属性（个体的人口统计学特征，如种族、性别、国籍和年龄等）把群体划分成两个或两个以上子群的假定分界线"。此后，学者们沿用这一概念，对团队成员的多样性构成引起的断层，以及断层对团队动态性的影响等方面进行了深入研究。断层理论认为相似性能够促进个体间的社会认同，使个体选择与自己相似的成员结盟（Perry–Smith et al.，2014），进而产生信任并形成有凝聚力的子群（Lau et al.，2005），造成"群体内"和"群体外"的队列归属问题（也称子群问题，即拥有相似属性的成员归为同一队列或子群）。子群问题是断层研究的核心，断层使群体划分为多个内部同质，彼此异质的子群，群内的成员更倾向于信任同一群内成员（Thatcher et al.，2011）。传统的断层是一个先验概念，即是一种潜在的断层，是由成员构成的多样性导致的一种固有属性（Ren et al.，2015）。通过观察分布在个体成员间的共同属性，这些相同的性别、种族或年龄，可能形成有凝聚力的子群，拥有共同属性表明他们有类似的生活经历，往往会引起信任和建立有凝聚力的关系，可以更紧密地互相认同（Lau et al.，2005）。可用于分类的显著属性的数量，以及属性聚合（相似的属性归为同一队列）的程度，决定了断层强度（Ndofor et al.，2015）。当个体间属性聚合程度越高，彼此相似的属性越多，断层强度越强。

Gibson 和 Vermeulen（2003）清晰地解释了断层概念及其与传统多样性或异质性的区别。他们通过举例说明了异质性与断层的差异，即异质性相同的两个不同团队，断层强度却不相同，如表 2–2 所示。

表 2-2 断层强度和异质性示例

团队 1	团队构成				断层强度和异质性测量					
	成员				成员对相似性					
	A	B	C	D	AB	AC	AD	BC	BD	CD
年龄 / 岁	26	27	52	54	0.947	0.286	0.259	0.313	0.286	0.947
性别	男	男	女	女	1	0	0	0	0	1
种族	亚洲人	亚洲人	白人	白人	1	0	0	0	0	1
职业	金融	金融	销售	生产	1	0	0	0	0	0
团队任期 / 年	2	3	11	13	0.667	0.182	0.154	0.273	0.231	0.846
总体相似性					4.614	0.468	0.413	0.586	0.517	3.793

同质性 =1.732;异质性 =0.577;断层强度 =1.764

团队 2	团队构成				断层强度和异质性测量					
	成员				成员对相似性					
	A	B	C	D	AB	AC	AD	BC	BD	CD
年龄 / 岁	26	27	52	54	0.947	0.286	0.259	0.313	0.286	0.947
性别	男	女	男	女	0	1	0	0	1	0
种族	亚洲人	白人	白人	亚洲人	0	0	1	1	0	0
职业	金融	销售	生产	金融	0	0	1	0	0	0
团队任期 / 年	2	11	3	13	0.182	0.667	0.154	0.273	0.846	0.231
总体相似性					1.129	1.953	2.413	1.586	2.132	1.178

同质性 =1.732;异质性 =0.577;断层强度 =0.477

资料来源:Gibson 和 Vermeulen（2003）。

表 2-2 描述了两个团队的人口学属性构成。用传统的异质性方法计算,团队 1 和团队 2 的异质性程度相同。然而,团队 1 存在两个强大的子群:A 和 B 构成一个子群,C 和 D 构成第二个子群。因为 A 和 B 有相同的性别和年龄,有类似的种族、职业和团队任期。成员 C 和 D 除了职业有差异以外,其余的也都相似。在多个属性上的相似性或重叠,可能会吸引成员 A 和 B 形成子群并

远离成员 C 和 D。相比之下，团队 2 的子群较弱，因为在每一个可能的成员对中，人口属性特征既有相同点也有不同点。例如，团队成员 A 和 B 在年龄上相似，但其性别、种族、职业和任期等都不同。成员 B 和 C 种族相同，但其年龄、性别、职业和任期等都不同。因此，异质性与断层之间存在差异。

（2）组织层面的断层研究：断层理论在组织层面的应用

由于团队和组织层面的动态性明显不同，Lawrence 和 Zyphur（2011）将断层概念延伸至组织层面，把组织断层定义为大型群体中成员间的属性聚合（alignment of attributes）。他们认为组织断层和团队断层存在许多差异：一方面，组织是比团队更大的群体，组织内的成员并不是都相互熟悉，因此，组织内成员边界相对团队边界更加模糊。另一方面，这种模糊性使组织中的子群并不那么直接和便于观察，也就是说组织中的子群可能并不仅仅依赖于成员的年龄、性别、种族等属性，而是一种累积的结果，受成员的声誉、知识等因素影响。尽管 Lawrence 和 Zyphur（2011）的研究促进了对组织层面断层概念的理解，但遗憾的是，组织层面的断层研究并没有获得学者们的广泛关注。大部分组织理论的学者仍然从个体属性的角度研究断层，在概念上和团队断层没有本质区别，只是将断层理论结合高管团队、董事会等组织背景进行研究（Hutzschenreuter et al.，2013；Ndofor et al.，2015）。Bezrukova 等（2015）从多层次理论角度，把断层看作是一种"个体—团队—组织"的自下而上的过程，认为组织断层并不直接依赖于个体属性，而是来自团队层面的断层。例如，在 Ashforth 和 Reingen（2014）的研究中，食品合作的组织断层并不是直接来源于个体属性，而是来源于构成组织的团队之间的竞争。因此，组织层面的断层研究实际上是团队断层理论在组织层面的应用。

（3）组织间层面的断层研究：断层理论在组织间层面的扩展

随着网络组织研究的兴起，学者们已经开始关注组织间层面的断层研究。但是，相对于团队和组织层面，组织间层面的研究仍然极度匮乏。Thatcher 和 Patel（2012）在综述以往断层研究的基础上，呼吁学者们对联盟、社会网络等断层研究的探索。作为回应，Heidl 等（2014）将个体间群体断层研究扩展到企业间群体层面，从关系嵌入性角度研究了多边联盟分裂断层（divisive faultlines）现象。该研究认为，组织间断层本质上是由于企业间共享经验的程度差异导致的，这些经验可以被间接共享（相似的成员可能具有相似经验），也可以通过历史的交互关系而直接共享。企业具有发展信任和凝聚关系（强关系）的能力，当多个企业对之间的二元关系强度分布不均时，整体网络分裂为多个派系，甚至消散。该研究使用"分裂断层"一词并借鉴了断层概念，但没有从成员属性的多样性角度，而是从企业间关系强度的不均匀分布角度解释了分裂断层的产生，以及分裂断层对派系形成和网络消散的影响。Zhang 等（2017）认为，在风险投资网络中也存在着分裂断层风险，并从企业间群体层面对风投网络的形成展开研究。该研究指出，分裂断层对风投网络的形成具有负面作用，并认为关系密度由于为企业间的沟通建立了一些桥梁，从而建立了一定的共同理解、信任和决策制定惯例，进而降低分裂断层风险带来的负面作用。但该假设没有通过实证检验，进一步强调了分裂断层在多企业合作中的负面作用。多边联盟已具备一定的网络特征（Rosenkopf et al.，2008；Gulati et al.，2012）。在此基础上，成泷等（2017）和党兴华等（2016）分别从网络多样性视角和网络嵌入性视角，将断层理论扩展至技术创新网络层面，认为技术创新网络分裂断层是指"节点组织在交互创新过程中，由于成员间共享经验的程度差异而引起的整体网络内部分化倾向"。这种倾向是由于节点属性的多样性、组织间关系的多元性等因素引起的。网络断层概念是个体间群体层面（团队）的断层理论在组织间群体层面的扩展。类似于团队断层引起的子群现象，网络断层也会造成"群体内"与"群体外"的子群问题。

2.2　断层的理论基础

　　早期断层研究延续群体多样性理论的传统，运用社会认同理论和自我分类理论从个体的种族、性别、国籍和年龄等静态人口统计属性特征分析断层形成（Lau et al.，1998；Lau et al.，2005；Bezrukova et al.，2012；Mäs et al.，2013；Ndofor et al.，2015）。在组织间层面的研究中，Heidl 等（2014）和 Zhang 等（2017）从关系嵌入性角度理解组织间断层的形成过程。成泷等（2017）和党兴华等（2016）综合这两方面观点，认为分析企业间伙伴选择过程是理解网络断层概念的关键。由于个体和组织的伙伴选择具有明显差异，本部分仅介绍个体间群体断层的理论基础，组织间群体网络断层的理论基础留待 3.2 节介绍。

　　社会认同和自我分类理论是解释断层形成的基础，体现了个体基于显著特征把自己和其他群体成员进行分类的原因（Bezrukova et al.，2007；Choi et al.，

2010）。种族、性别、国籍和年龄等人口属性的相似性，能够促进个体间的社会认同（Perry-Smith et al., 2014）。相似吸引范式则解释了个体为何会选择与相似成员结盟（Halevy, 2008; Lim et al., 2013）。通过相似的属性，群体成员可能形成有凝聚力的子群，拥有共同属性表明他们有类似的生活经历，往往会引起信任并建立有凝聚力的关系，可以更紧密地互相认同（Lau et al., 2005）。可用于分类的显著属性的数量，以及属性聚合（相似的属性归为同一队列）的程度，决定了断层强度（Ndofor et al., 2015）。当个体间属性聚合程度越高，彼此相似的属性越多，断层强度越强。断层的产生，导致了子群内的相似性与子群间的差异性。但是，如果群体中每个个体的属性都完全相同（或各不相同）时，由于没有明显的属性分类，断层和子群难以形成。

除了上述理论基础以外，Thatcher 和 Patel（2012）还总结了四个理论基础，即分类加工模型（CEM）、最佳区分性理论（ODT）、距离理论（DT）和跨类模型（CCM）。分类加工模型（CEM）认为类别的显著性是理解多样性的关键，从比较拟合度、规范拟合度和认知可达性来解释类别的显著性水平（Ellis et al., 2013）；最佳区分性理论（ODT）则描述个体寻求差异性和相似性间平衡的趋势（Rink et al., 2010; Bezrukova et al., 2012）；Bezrukova 等（2009）参考社会距离、文化距离、心理距离和人口距离等理论提出断层距离概念，从子群间累积差异导致的子群分裂程度解释子群间断层形成和强化；跨类模型（CCM）则从相反的角度，认为当属性特征不能清晰分类时，子群间差异不再明显，而所有子群都具有的一些共同的相似属性，可以起到桥接子群间差异的作用，降低群体断层强度（Cronin et al., 2011）。CEM 和 ODT 理论都关注群体成员间相似性和差异性的相互作用，从子群内和子群间角度解释了断层形成；DT 理论和 CCM 则主要关注子群间差异性。表 2-3 列出了断层的六个理论基础。

表 2-3　断层的理论基础

理论	理论描述	文献
社会认同理论	群体成员基于多个个体特征，形成群体内的自我分类，并以牺牲群体外的利益来加强这种群体内倾向	Lau 和 Murnighan（1998）；Thatcher 等（2003）

续表

理论	理论描述	文献
自我分类理论	个体将自己归属为某个社会类别，这影响了个体的自我意识，并形成去人格化和各种群体内与群体外的身份	Lau 和 Murnighan（1998）；Bezrukova 等（2012）
分类加工模型	解释分类和细化效应如何影响多样性与绩效间的关系	van Knippenberg 等（2011）；Bezrukova 等（2009）
最佳区分性理论	个体期望在群体内和群体间达到相似性与差异性的最佳平衡	Bezrukova 和 Uparna（2009）；Gibson 和 Vermeulen（2003）
距离理论	一个群体认为另一个群体与其相似的程度（基于空间、时间或社会距离）	Zanutto 等（2011）
跨类模型	多样性属性的跨类可以减少子群的聚类，进而提高群体的流动性	Cronin 等（2011）；Homan 等（2007）

资料来源：Thatcher 和 Patel（2012）。

2.3　断层的构成

多样性的个体属性特征是断层的主要驱动因素，相关研究也从这些属性特征角度探讨断层的构成或分类（Thatcher et al.，2012）。例如，最初的断层研究基于个体的性别、年龄等人口属性特征展开（Lau et al.，1998）。遵循这一思路，一些研究进一步从社会分类属性（如种族、性别和年龄等）和信息加工属性（如职责、教育和任期等）区分人口属性断层（Bezrukova et al.，2009）。另一些研究则从人格特征、工作地点等非人口属性角度探讨断层的构成（Thatcher et al.，2012）。由于断层理论可以同时研究不同类型属性特征的聚合问题，还有一些研究则将人口属性特征（信息属性）和非人口属性特征（人格特征）同时考虑（Rico et al.，2007）。可以看出，相关研究并没有对哪些特定的属性组合分类达成一致，而是从各自的研究视角或者可操作性方面考虑断层的构成要素。遵循多样性研究中的关系和任务相关属性分类，Chung 等（2015）将断层

区分为关系相关断层和任务相关断层。关系相关断层建立在相似的年龄和性别基础上，不同的性别和年龄拥有不同的社会文化和价值观；任务相关断层则基于相似的任期和职责，不同的任期和职责代表了不同的经验和知识结构（Bezrukova et al., 2009；Carton et al., 2012）。总体而言，断层研究最初以团队成员的人口统计特征为基础。随着研究的发展，一些学者开始关注非人口属性引起的断层。随着断层理论在组织、组织间和网络层面的扩展，断层的构成就更加纷繁复杂，逐渐形成一些"非属性"的构成要素。因此，本部分将断层的构成总结为属性构成和非属性构成两类，如表2-4所示。

表2-4　断层构成的相关研究

分类		构成要素	研究层面	文献
属性构成	人口属性	种族、性别、国籍和年龄等	团队	Lau 和 Murnighan（1998；2005）
	非人口属性	认知特性	团队	Dyck 和 Starke（1999）
		个性、价值观、知识专长	团队	Gratton 等（2007）
		身份、资源和知识等	团队	Carton 等（2012；2013）
		态度分离、地位差距、信息多样	团队	Ren 等（2015）
		自恋等人格特征	团队	Molleman（2005）
		地理分布	团队	Polzer 等（2006）
		家族企业的"家族性"水平	团队	Minichilli 等（2010）
		信息加工或任务相关特征	团队	Hutzschenreuter 和 Horstkotte（2013）；Cooper 等（2014）
		目标差异	团队	Ellis 等（2013）
		身份、地理、知识	网络	成泷 等（2017）

分类		构成要素	研究层面	文献
非属性构成	成员间关系	师徒关系、战友关系、血缘关系	团队	王端旭和薛会娟（2009）
		相互依赖关系	组织	Lawrence 和 Zyphur（2011）
		所有权权益、成员变化、历史关系强度	组织	Lim 等（2013）
		历史合作关系	组织间	Heidl 等（2014）
		历史合作关系	网络	Zhang 等（2017）
		历史合作关系、多重合作关系	网络	党兴华 等（2016）

（1）属性构成方面：组织多样性

构成断层的属性有很多，包括人口属性和非人口属性。早期断层研究延续群体多样性理论的传统，从个体的种族、性别、国籍和年龄等静态人口统计属性特征研究断层（Lau et al.，1998；2005）。然而，Dyck 和 Starke（1999）通过深度访谈发现群体断层并不是由人口属性所致，而是由认知特性形成。Gratton 等（2007）则进一步指出，群体断层形成的原因可能是动态的，最初可能由人口属性所致，但随后可能转化为由成员的个性、价值观，甚至是任务转化过程中的知识专长属性引起。Harrison 和 Klein（2007）把多样性的构成概括为分离、差距和多样三类，在此基础上，Carton 和 Cummings（2012；2013）从身份、资源和知识等方面研究断层。Ren 等（2015）则从态度分离、地位差距、信息多样三个维度研究断层构成。越来越多的研究开始关注非人口属性对群体断层形成的影响，如自恋等人格特征（Molleman，2005），地理分布（Polzer et al.，2006），家族企业的"家族性"水平（Minichilli et al.，2010），信息加工或任务相关特征（Cooper et al.，2014），目标差异（Ellis et al.，2013）等。从多样性研究的轨迹来看，非人口属性将成为研究重点（Thatcher et al.，2012）。在组织间和网络层面，成泷等（2017）从身份、地理和知识三个网络多样性维度研究断层的构成。

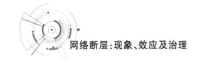
（2）非属性构成方面：成员间关系

除了群体构成及个体属性等内部因素以外，部分学者还探讨了外部因素如关系等对断层的影响。王端旭和薛会娟（2009）认为，在中国"关系结构"情境下，成员间关系特征如师徒关系、战友关系、血缘关系等引起的断层尤其值得学者们关注。Lawrence 和 Zyphur（2011）认为，组织断层可能来源于相互依赖关系产生的社会结构。Lim 等（2013）在人口属性基础上，讨论了所有权权益、成员变化、历史关系强度等结构维度和认知维度对企业创始人和投资者间断层的影响。在组织间和网络层面，成员间关系强度差异也会产生断层现象，Heidl 等（2014）认为，断层带来的子群效应本质上是成员间共享经验的差异性所致，关系嵌入性导致的强关系会对整体网络稳定性造成负面作用，当企业间由于历史合作经验而嵌入的（二元）关系强度在不同成员对（partner pairs）间分布不均匀时，会使多边联盟形成潜在的断层现象。Zhang 等（2017）认为历史合作关系引起的断层问题在风险投资网络中依然存在。在此基础上，党兴华等（2016）从历史合作关系和多重合作关系两个方面分析了组织间强关系带来的断层现象。

2.4 断层对群体带来的影响

研究表明，断层能够影响群体过程（如冲突、凝聚力、学习、信任等），也能够影响群体的情感结果（如满意）和绩效结果（如群体决策、群体绩效）等（Thatcher et al.，2012；Ndofor et al.，2015），但这些研究都集中在团队和组织层面，对组织间和网络层面断层的作用研究极度匮乏。理论分析多从断层导致的子群形成角度，解释其对群体运行过程和结果的影响，这些影响既有积极的方面，也有消极的方面。本部分将分别介绍断层的消极影响、积极影响及断层作用的条件和路径。

（1）断层对群体的消极影响

强断层已被证明会对群体运行结果带来消极影响（Jehn et al.，2010）。根据断层理论，多样性的群体被划分成多个子群，由于子群之间的差异性和竞争性，将导致成员在实现整体目标上投入更少的时间与精力。断层的存在增强了群体分裂的可能性，由于大量时间和精力被用来缓解这种裂痕，用来实现集体目标的时间和注意力就会减少（Li et al.，2005）。成员间的沟通障碍也会阻止必要的知识交换，因为断层引起的冲突和不信任会妨碍知识流从子群内成员流向子群外成员（Lau et al.，2005）。相互分享经验的成员与不分享经验的成员会分成不同子群，分享共同经验的成员会形成一个小团体并具有较强的社会凝聚力（Mcpherson et al.，2001）。这种小团体的形成妨碍了团体内和团体外成员之间的信任及关系建立。例如，Polzer 等（2006）发现基于地理和民族的断层会导致更大的冲突和内部信任的丧失。同样，Li 和 Hambrick（2005）也认为由于人口属性差异引起的断层使得管理团队充满任务冲突、情感冲突和行为瓦解，并导致低水平的绩效。Van Knippenberg 等（2011）研究得出由高管团队多样性引起的断层对组织绩效存在负面影响。此外，断层对影响群体绩效的行为如群体学习、信息加工及风险决策制定等也有负向影响（Thatcher et al.，2012）。Cronin 等（2011）认为由于子群内成员更可能相互认同，但对子群外成员往往具有敌意，因而研究表明断层与群体满意存在负向关系。Choi 和 Sy（2010）指出断层较强的群体中，成员更乐意与子群内成员进行交互，但这增加了子群间的冲突和不信任。Jehn 和 Bezrukova（2010）也发现断层对群体冲突具有显著的正向影响。因此，强断层被证明对组织绩效具有消极影响（Ndofor et al.，2015；Bezrukova et al.，2016）。

（2）断层对群体的积极影响

部分学者发现，断层的影响并不仅是负向的。Lau 和 Murnighan（2005）认为强断层减少了关系冲突，Choi 和 Sy（2010）也发现一些类型的断层增加关系冲突，而另一些类型的断层却减少关系冲突。Bezrukova 等（2009）指出，子群内的成员具有较高层次的合作与交互。Ellis 等（2013）研究发现断层对群体绩效具有不对称的影响，一方面，断层由于增加了成员的感知惰化导致惯例性的绩效降低；另一方面，断层由于增加了成员的反思重构导致创造性绩效的增加。Cooper（2014）指出，断层对企业绩效的作用随外部环境的不同而存在一定的差异，当环境动态性较低、复杂性较高、包容性较强时，断层促进企业绩效提升，相反，当环境动态性较高、复杂性较低、包容性较弱时，断层降低企业绩效。Ren 等（2015）的研究发现，当不考虑其余因素时，断层对企业绩效的影响并不显著，此时断层处于休眠状态，并未被激活。Chung 等（2015）发现，关系相关的断层对个体忠诚行为具有负向影响，而任务相关断层对个体忠诚行为具有正向影响。

（3）断层发挥作用的条件和路径

从以上研究结果可以看出，大多数学者认为断层的作用是消极的，也有少数研究得出相反的结论。为了厘清效应不一致的问题，除了直接作用以外，识别"断层—群体运行过程"或"断层—群体运行结果"关系的调节变量（断层作用过程中的边界条件）也一直是断层研究的重要内容。学者们主要从个体特征、群体特征、群体结构及社会关系等方面进行研究。Meyer 等（2016）指出个体层面对断层的反应在不同成员之间不同，这取决于个体所在子群的规模和自身的社交能力，当子群规模较大且个体社交能力较弱时，断层的负面作用最强。Bezrukova 等（2016）认为，断层对绩效的负向作用受组织冲突调节作用的影响，来自组织内部的冲突关系会加剧这种负向作用，而来自组织外部的冲突关系会减缓这种负向作用。Myer 等（2015）认为断层对个体绩效的影响取决于不同子群的内部结构，当子群内部具有领导者时会降低断层的负面影响，而没有领导者的子群，当组织危机发生时，断层的负面影响会加剧。Homan 等（2007）发现，更高的信息多样性能够发展出更高的社会认同，并减缓断层带来的负向作用。Ren 等（2015）结合多样性、社会网络和断层理论，研究非正式的网络关系对断层作用的调节，当子群之间存在友好关系时断层会促进群体绩效提升，当子群之间存在敌对关系时断层会恶化群体绩效。Van Knippenberg 等（2011）指出当群体中存在共同目标时，断层对群体绩效的负向影响会减弱。此外，学者们还从社会信息交换、认知整合、文化差异、领导行为等方面研究对断层的调节作用（Thatcher et al.，2012）。

除了调节变量以外，还有少数学者通过识别断层发挥作用的路径，来解释断层作用的不一致性。例如，Ellis 等（2013）研究发现断层对群体绩效具有不对称的影响，一方面断层由于增加了成员的感知惰化导致惯例性的绩效降低，另一方面断层由于增加了成员的反思重构导致创造性的绩效增加。Rupert 等（2016）认为信息断层产生的子群会促进团队成员的交互记忆，从而有利于完善团队的任务和过程学习。Crucke 和 Knockaert（2016）认为董事会通过提供咨询和制定战略决策来发挥其服务角色的作用，断层会导致董事会的任务冲突，从而对董事会服务绩效产生负面作用，但清晰的和共享的组织目标会降低这种负面作用。分类加工模型认为不同的断层会导致不同的群体偏好和结果，在此基础上，Spoelma 和 Ellis（2017）研究发现身份断层由于降低了团队的心理安全感从而对团队创造力产生负面影响，而信息断层由于造成了地位冲突从而对团队的决策制定产生负面影响，威胁作为一种情境变量能够降低身份断层的负面作用，但加剧了信息断层的负面作用。总体而言，断层产生作用的条件是目前研究的重点，较少有学者关注断层产生作用的路径。

第3章 网络断层：多样性与嵌入性

断层理论在群体层面的兴起，以及在组织层面和组织间层面的扩展，充分说明学者们除了关注微观层面的个体成员特征和宏观层面的群体结构以外，开始重视中观层面的子群现象。技术创新网络作为由组织个体相互合作形成的组织间群体，其中也普遍存在着子群现象。现有研究对子群的识别、子群的作用等进行了大量探索，却较少讨论子群的形成问题，而断层概念与子群存在紧密的联系，已有少量研究对它们之间的联系进行讨论。从这个角度来看，断层理论为探索中观层面的网络行为或子群的形成过程奠定了基础。网络断层概念是断层理论在组织间层面的扩展（Heidl et al.，2014），但相关研究仍处于探索阶段，因此，有必要回答以下几个问题：技术创新网络中是否存在断层现象？网络断层概念的内涵、特征和构成是什么？网络断层在技术创新网络中有何具体表现？本章通过对这些问题的探究和解答，以完成对网络断层的规范化描述。

3.1 网络断层的内涵与特征

3.1.1 网络断层的内涵

（1）团队层面断层概念解析

无论是团队层面的"虚拟分界线"（Lau et al.，1998）还是组织层面的"属性聚合"（Lawrence et al.，2011），这些断层概念都更倾向于一种形式化的定义，来源于地质学的地震断层带（也称断裂带）。断层带是地壳的破裂口，在没有外力的情况下能够休眠很长时间。地震是由于地壳层突然沿着断层带运动的结果。群体断层与地质断层带有一定的相似之处，例如，群体成员诸多属性类似于地壳的层状结构，群体断层在没有外力的情况下难以被察觉，强群体断层能够使群体分裂，这些特征揭示了群体成员属性分层的重要性。个体属性聚合是引起断层的重要原因，而个体属性聚合程度的高低，反映了断层这条"虚拟分界线"的清晰程度。聚合程度越高，说明断层强度越强，群体被这条"虚拟分界线"划分成子群的边界就越清晰，而不同子群之间的相似属性也越少。也就是说，断层理论通过观察分布在个体成员间的共同属性，认为相似的性别、年龄和种族可能代表他们在生活中有类似的经历，他们可以更好地相互认同和分享经验（Lau et al., 1998）。因此，相似的背景往往会引起信任和建立有凝聚力的关系，而不具有相似背景的个体之间则难以产生这种认同感。在群体和组织层面的研究中，学者们并未对断层内涵作更进一步探讨，只是将引起断层的因素从个体的人口属性扩展至知识、地理、态度、信息、目标及关系等范畴（Thatcher et al., 2012）。

子群是断层理论中的核心概念。子群成员之间一种或多种属性的聚合可能会导致他们在子群内部凝聚，并经常与子群内部成员分享经验，而与子群外部成员则较少分享经验，这可能导致不同派系之间的冲突或纠纷（Gibson et al., 2003）。大部分研究将断层与子群当作并发的概念考虑，并未明确区分断层与子群之间的差异，只是认为子群是断层引起的结果在形式上的反映。另一些研究则从断层的动态过程考虑，认为有必要讨论断层与子群之间的联系，即断层是否真实地导致子群形成。从这个角度发展出两种断层概念：休眠断层和活跃断层。休眠断层是指基于人口属性特征的潜在断层，活跃断层则指成员能够实际感觉到基于人口特征的子群（Jehn et al., 2010）。相关研究表明，休眠断层和活跃断层是高度相关的（Zanutto et al., 2011）。断层触发行为或条件可以将休眠断层激活为活跃断层（Rink et al., 2010）。可以看出，断层的动态过程实际上是由潜在断层激活为活跃断层的过程，表现在形式上就是子群的显性化呈现过程。相对于休眠断层，对活跃断层的研究较少，相关的实证研究极度匮乏。关于休眠断层如何或是否会发展成为活跃断层，以及休眠断层与子群间是否存在真实联系还需要进一步探索。

（2）网络层面断层概念界定

技术创新网络领域关于子群的研究成果也非常丰富，但大部分研究都借助于社会网络分析工具，根据现有的静态关系结构，用计算机算法直接对子群结构进行识别,从而研究子群的数量或者子群的拓扑结构特征如何影响创新网络的过程和结果。对于子群现象的由来,还缺乏有力的解释。例如,部分研究关注技术创新网络中企业间的结派行为和抱团现象,以及由此导致的子群结构对企业创新能力的影响作用(赵炎 等,2014),但这些研究通常忽略了对结派行为本身的具体分析,只对"结派的形式化结果—子群结构"进行研究,使得目前对"为什么结派和抱团"的问题研究不够深入。同样是对子群的研究,断层理论则较少如社会网络理论一样考虑成员间的实际联系,而侧重于从(成员属性的)多样性视角对群体成员如何相互选择(如相似吸引、社会分类等)进而划分出(潜在的)子群进行分析,较少讨论成员间的实际联系。具体而言,断层理论中涉及的(潜在)子群是根据理论分析的结果,并不一定与社会网络中根据成员间的实际联系识别的子群相一致。因此,Ren 等(2015)认为仅仅从多样性视角研究断层是不够的,需要将多样性理论、断层理论和社会网络理论相结合,讨论它们对群体绩效的共同影响。

断层理论在分析子群形成过程中的研究思路,能够为探索子群结构的前置因素提供指导。随着理论的发展,已有学者注意到断层理论与社会网络理论间的联系,并呼吁断层理论在联盟、企业间、社会网络等群体层面的研究(Thatcher et al.,2012)。作为回应,Heidl 等(2014)将断层概念从个体间群体层面扩展至企业间群体(多边联盟)层面,认为产生断层的本质是由于共同的经验和相互认同。该研究从关系嵌入性视角出发,认为合作伙伴之间前期的合作经验也会使企业间群体产生断层,并将断层看作是与企业之间关系强度分布或配置有关的概念。虽然该研究并未明确提出组织间断层的定义,但也为进一步探索网络层面的断层概念奠定了重要基础。

成员间经验共享的程度差异是断层形成的基础。在规模较大的技术创新网络中,网络成员之间彼此可能存在不同程度的信任和关系。存在较强信任和凝聚关系的网络成员之间容易形成合作并分享经验,与此同时,这些成员与其他伙伴之间的合作和经验共享会大大减少。成员间经验共享的程度差异是产生断层的基础。除了相似的背景会引起信任和建立有凝聚力的关系以外,历史的交互关系也能够加强网络成员之间的相互认同(Heidl et al.,2014)。由于企业具有发展信任和凝聚力关系的能力(Gulati,1995),当一些联盟伙伴之间因为前期关系而形成强联系,但与其他伙伴保持弱联系时,他们之间很可能会形成较强的凝聚力,并依赖于建立在前期关系基础上的熟悉的规范和惯例。这种依赖

旧方式的合作惯性，忽略了需要间接互惠和广泛的社会交易的其他合作伙伴，难以建立涉及所有伙伴的更广泛的惯例和信任。这种经验共享的差异性会使保持强关系的成员之间产生较强的凝聚力，而弱关系的成员被排除在凝聚性群体之外，造成"群体内"与"群体外"的子群问题。同样，除了相似的背景以外，历史的交互关系也能够加强网络成员之间的相互认同（Heidl et al.，2014）。当网络成员在先前的合作中证明它们是值得信任和可靠的，它们之间就会发展强关系，认同彼此的需求、偏好和优先权。类似于相同属性带来的子群效应，企业间由于前期的历史合作关系带来的强联系，能将较大的网络分裂成多个子群。

虽然目前网络层面的断层研究还处于起步阶段，概念内涵还不清晰，但断层理论在组织层面尤其是组织间层面的扩展和研究成果值得借鉴。此外，在技术创新网络中，知识、信息等资源和经验的共享是组织间选择合作伙伴并进行合作创新的根本动力。技术创新网络的松散耦合、合作竞争等特征也充分体现了网络成员之间经验共享的程度差异。因此，基于团队、组织和组织间层面的相关研究，结合团队前期研究成果（党兴华 等，2016；成泷 等，2017），本书认为网络断层是指：节点组织在交互创新过程中，由于成员间共享经验的程度差异而引起的整体网络内部分化倾向。这种共享经验的程度差异，可以是由于成员间关系的分布或配置导致的，也可以是由于成员间属性的多样性或相似性引起的。

3.1.2 网络断层的特征

（1）先验特征

正如 Ren 等（2015）所言，断层是一个先验概念，是根据成员属性差异进行的理论划分。这说明，断层是一个群体的固有属性，与这个群体中成员间实际的社会联系可能并不一致。因此，网络断层作为根据成员间共享经验的程度差异进行的理论划分，也同样具备先验特征。由此可见，网络断层是始终存在于技术创新网络中的固有属性，只是不同网络中断层的强度存在差异。

（2）动态性特征

网络断层是由于网络成员之间共享经验的程度差异而产生的内部分化倾向，只要网络成员之间共享经验的过程发生变化，断层强度也会随着变化。能

够引起网络成员之间共享经验发生变化的原因很多，如网络成员的流动（包括新成员的进入，老成员的退出等），网络成员之间合作关系的变化，网络成员自身知识增长甚至外部环境的变化，等等。总之，网络断层具有动态性特征，在不同网络情境中存在差异。为了简化研究，也便于概念的可操作，本书利用相对静态的横截面数据来衡量网络断层，将网络断层的动态变化留待未来的研究中深入探讨。

（3）差异性特征

要形成"群体内"与"群体外"的队列归属问题，子群之间的差异性必不可少。断层理论最早起源于多样性研究，正是由于群体的多样性，才导致相对同质的群体成员相互认同而形成凝聚子群。同样，企业间经验共享如果不存在差异性，网络分裂的可能性就很小。当然，技术创新网络作为一个复杂的组织系统，网络多样性是其基本特征，无论是网络成员的自身属性，还是网络成员之间的关系结构都存在差异性。所以，网络断层的差异性特征与先验特征并不矛盾。

（4）缄默性特征

虽然从理论上讲，能够引起经验共享程度差异的因素都会直接或间接地引起网络断层的产生，但由于技术创新网络中信息的不对称性，并不是所有网络成员都能够明显地察觉到经验共享的程度差异。具体而言，网络断层具有一定的缄默性特征，可能需要在一定的条件下，其作用才会被触发。

3.1.3 网络断层与群体断层的比较

网络断层概念是个体间群体层面的断层理论在组织间网络层面的扩展，两者既有相似性也有差异性。相似性主要表现为两个方面：一是其本质都是由群体成员的伙伴选择机制引起的；二是两者都是存在于群体中的固有属性。差异性主要表现为两个方面：一是研究对象不同。群体断层是现有研究的重点，得到了学者们广泛的关注，它以团队或组织中的个体自然人为研究对象，而网络断层相关研究还十分匮乏，仍处于起步阶段，以组织或企业为研究对象的网络断层概念亟须进一步探索。二是群体规模不同。群体断层的研究通常以团队为群体边界，而团队往往以特定的工作任务为目标，其规模相对较小，团队成员彼此之间相互熟悉，因此，除非彼此冲突升温而各自拉帮结派，否则子群问并不会特别明显。相对而言，网络的规模较大，网络边界的划分并没有团队那么明晰，且没有特定的工作任务为目标，网络成员之间可能并不熟悉，因此，企业往往只与特定的伙伴进行合作，网络中的子群现象更为明显。

3.2　网络断层的理论基础：组织间伙伴选择

社会认同和自我分类理论等断层的理论基础，从本质上看都是伙伴选择的过程，也就是说断层的理论基础本质上是个体间的伙伴选择过程。作为企业的关键战略决策，伙伴选择已经成为影响合作绩效的重要因素。如何选择合作伙伴、遵守什么样的选择标准等也受到多方面因素的影响，企业往往根据自身的需求进行选择。目前，企业间合作的伙伴选择研究主要集中在战略伙伴选择、联盟形成、组织间关系和网络形成等相关领域。学者们从不同理论视角、站在不同情境下进行了许多有意义的研究，取得了丰富的研究成果。本部分主要从战略联盟和技术创新网络两个方面对这些研究进行介绍。

3.2.1　战略联盟伙伴选择：动机和标准

企业参与战略联盟具有许多好处，相互独立的企业共同合作以通过更大的市场权力获取更强的竞争地位、降低成本、提高效率、获得新的或关键的资源或能力、新的市场准入和开发新产品等（Rothermael et al.，2008；Lai et al.，2010）。正是因为这些好处，企业选择形成联盟以满足这些资源需求。在战略联盟相关研究中，伙伴选择是建立战略联盟的有意识的战略和具体决策。伙伴选择过程被认为是影响联盟绩效，甚至决定联盟成功与否的最重要步骤（Chen et al.，2005），并在战略联盟的相关研究中受到了广泛关注。总体而言，伙伴选择的研究主要集中在企业间合作的动机和合作伙伴选择的标准两个方面。

（1）联盟伙伴选择的动机

伙伴选择的动机决定了企业选择参与联盟的行为，同样也决定了企业在评估潜在合作伙伴时所考虑的选择标准（Westhead et al.，2010）。学者们从资源基础观和能力基础观等不同理论视角识别了多种战略联盟形成的伙伴选择动机。

资源基础观（RBV）是学者们用来解释战略联盟形成动机的主要理论（Grant et al.，2004）。RBV 理论重点关注对带来竞争优势的独特资源和能力的接触和开发。根据 RBV 理论，一个企业可以被看作一系列独特的资源和关系（Barney，1991），企业行为可以被理解为寻求竞争优势。企业的竞争优势来源于其积累和利用的资源与能力。资源具有三种显著特征：一是为企业创造价值，即帮助企业降低成本投入或提高价格输出；二是这通常是企业的特有属性，分离这个属性会减少企业的价值，且别的企业难以获取；三是类似于资产库，资源不能被短期内开发，创造力需要随时间不断积累（Chen et al.，2005）。资源可以是有形的（包括金融资源和物质资源），也可以是无形的（包括声誉、技术和组织资源），或人力基础的（包括文化、培训、员工技能）（Grant，1991）。企业需要控制有形和无形的资源来确保竞争优势。RBV 理论还作出两个关键假设：一是企业间存在资源异质性是因为每个企业有不同的资源库，且这些资源是固定的；二是企业资源与能力的异质性可能会持续很长时间，因为开发成本很高或者可以从其他企业获取资源。RBV 理论认为企业间合作为资源不足的企业提供了获得所需资源的机会（Chin et al.，2008）。企业寻求合作的"诱因"与企业的资源需求有关，而寻求合作的"机会"与企业所拥有的资源有关。企业的竞争性资源越是不足，获取相关资源的需求越大，企业寻求合作的诱因越强。企业的资源库越多，企业对伙伴而言吸引力就越大，越有机会寻求合作。企业参与战略联盟，一方面，可以整合互补性异质资源，并用来开发有价值的组织能力，尤其会提升竞争优势的隐性知识相关能力；另一方面，可以增强企业的组织学习能力，通过合作伙伴获取关键知识来开发新的创意和商业方法。

能力基础观（CBV）理论假定单纯的资源无法确保企业的竞争优势。根据 CBV 理论，一个企业的竞争优势来源于比其竞争对手能更好管理资源的能力。能力被定义为以企业实现其目标并维持其竞争优势的方式管理可用资源的能力（Sanchez et al.，1997）。企业能够集合一系列动态能力，以识别、开发、获取、组织和保护新资源。能力不足的企业可能会与伙伴形成正式的联盟关系以接触和利用所需能力，以保证其在现有市场和新市场上的竞争优势。在相关的研究文献中，大多数学者综合资源和能力视角来解释伙伴选择动机。例如，Doz（1996）探讨了有关战略联盟合作的五个维度（目标、环境、任务、流程和技能），合作伙伴参照这五个维度展开学习。他认为成功的联盟具有灵活性和适应性，并与合作伙伴建立坚定的、相互信任的关系，因而将联盟形成的动机分为三类：拉拢潜在竞争对手和互补性企业、结合互补性资源实现专业化、学习和内化有价值的技能。企业可能寻求战略联盟以获得潜在合作伙伴所拥有的资源和能力。在某些情况下，资源不足的企业不能或不愿意内部开发所需的资源和能力，原因可能是企业获取资源和能力的成本过高，或他们只是在短期内需要这样的资源和能力。

（2）联盟伙伴选择的标准

伙伴选择的标准一直是伙伴选择相关研究的重点内容，研究成果非常丰富。理论和实证研究也都表明，企业间合作伙伴选择并不存在固有的、普遍适用的选择标准。因此，企业用于选择战略伙伴的标准涵盖了非常广泛的因素，其中一大部分来自企业的实际需求（Zhou et al.，2012）。这些因素既包括有形的，也包括无形的，企业在选择伙伴评估标准时需要认真考虑，以确保伙伴选择能够实现给定的任务。在理论研究中，学者们从不同角度列出了大量的联盟伙伴选择标准，对标准的分类也存在差异。

Geringer（1991）提出任务相关（task-related）的选择标准和伙伴相关（partner-related）的选择标准。任务相关的选择标准与企业为其竞争成功而需要的战略资源和技能相关，而且更关注合作伙伴之间战略契合的实现性，而伙伴相关的选择标准则更关注合作伙伴参与合作的效率和有效性，更关注达成组织契合。这种划分方法得到了较为广泛的推广和发展。具体而言，从任务相关的选择标准角度来讲，一个理想的合作对象能够提供企业所需要的资源和能力。Mat 等（2008）通过对文献的总结，认为任务相关的选择标准主要包括金融资源、市场资源、顾客服务、R&D 资源、组织资源、生产资源等，其中每一个选择标准下又涵盖了多个子标准。从伙伴相关的选择标准角度来讲，最佳的伙伴选择需要考虑合作伙伴之间是否已经有过成功的合作历史，伙伴之间的企业文化是否兼容，伙伴之间的管理团队是否存在信任等。信任、承诺、组织规模、伙伴具有良好的声誉、伙伴在行业中的位置、伙伴参与合作的积极性等都属于伙伴相关的选择标准范畴。Das 和 He（2006）遵循这种分类方法进一步对伙伴选择标准进行了汇总，其中任务相关的标准包括互补产品或技能、金融资源、技术能力或独特性、位置、营销或分销系统，或已有客户基础、声誉和形象、管理能力、政府关系，包括监管要求和政府销售、帮助更快地进入目标市场、行业的吸引力等。伙伴相关的标准包括战略契合或相互依赖、兼容的目标、兼容或合作的文化和伦理、前期关系和成功的前期合作、高层管理人员之间的信任、坚定承诺、类似的规模和结构地位、互惠关系、风险对等、易于沟通等。Cummings 和 Holmberg（2012）的研究则是对这种分类方法的进一步深化和扩展。他们通过访问超过 200 个联盟管理者，从四个方面的选择标准提出新视角和新分析，并将这四个因素整合进一个完整的伙伴选择框架，称之为关键成功因素（CSFs）：任务相关的 CSFs，促进或阻碍实现联盟预期目标的因素；学习相关的 CSFs，潜在联盟伙伴中提高学习成果的关键属性；伙伴相关的 CSFs，促进或阻碍联盟如何展开并影响结果的关键因素；风险相关的 CSFs，通常被忽视的，来自联盟依赖性本质的因素。

在 Geringer（1991）之后，学者们也提出了许多不同维度的伙伴选择标准，并试图将伙伴选择标准进行归类，筛选出相对重要的伙伴选择标准。大多数研究者都认同所有的伙伴选择标准都是非常重要的，只是在特定的联盟情境中侧重点会有所不同。这些研究的最大区别，仅仅是一些学者将所有因素综合考虑进行研究，而另一些学者则对不同因素单独进行研究（Duisters，2011）。其中，代表性的文献如 Brouthers 等（1995）提出的 4C 标准：技能互补、文化兼容、目标一致、风险对等。Medcof（1997）认为企业间合作伙伴选择标准包括以下几个方面：潜在伙伴之间的战略契合、合作伙伴的能力、伙伴之间运营的兼容性、伙伴参与企业间合作的承诺、每个伙伴使用适合的控制机制。Lu（1998）则将伙伴选择标准分为三类：任务或运营、伙伴或合作、现金流或资本结构。Shan 和 Swaminathan（2008）通过总结 40 多篇文献，总结出 4 个影响伙伴选择的主要因素：信任、承诺、互补性、价值或经济回报，并基于管理控制理论，认为管理者在选择联盟伙伴时所考虑的选择标准，会根据联盟项目类型的不同而不同。Wu 等（2009）通过对理论专家和高技术行业实践的总结，认为伙伴特征、营销知识能力、无形资产、互补能力、契合度 5 个标准在伙伴选择过程中最为重要，同样，每个标准下也包含了多个子标准。这些因素往往与伙伴选择过程中的主观和客观因素有关。Bakker（2016）则指出，传统的伙伴选择相关研究通常按照资源基础观视角，近年来的研究开始关注如声誉、外部选择、灵活性、信号、经验溢出、契约变化等其他概念，而联盟配置问题，如联盟动态性（包括联盟形成之后的联盟演化问题），也日益引起学者们的重视。Zhong 和 Ren（2015）通过对创新联盟伙伴选择的影响因素相关文献的归纳，从企业内部因素（如资源、技术、战略、经验、声誉等）、企业外部因素（如制度环境因素）、企业之间因素（如相互信任）三个视角总结了伙伴选择的影响因素。本部分将这三方面伙伴选择标准的主要研究内容归纳如表 3-1 所示。

表 3-1　联盟伙伴选择标准的相关研究

伙伴选择标准		理论解释	主要文献
企业内部因素	资源	战略联盟通过伙伴企业之间资源和能力的互补性进行价值创造	Mindruta 等（2014）；Hitt 等（2000）
	声誉	声誉被认为是一个维持企业竞争优势的重要无形资源，并有利于企业形成联盟的机会	Deephouse（2000）；Seren 等（2014）
	目标	目标的差异会影响伙伴选择	Ireland 等（2002）
	风险	对风险的评估和承受能力会影响伙伴选择	Katila 等（2008）
企业外部因素	制度环境	不同国家或地区的制度差异会影响伙伴选择	Ahlstrom 等（2014）
	经济环境	在不同的经济背景下，标准、资源和基础设施的差异会影响企业的伙伴选择过程	Smith 等（2014）
企业之间因素	战略契合	企业间在资源和能力等方面的互补性和互惠性有利于伙伴选择	Iii 和 Gallagher（2007）
	信任	企业间信任有利于伙伴选择	Li 和 Ferreira（2008）
	历史合作关系	基于社会学视角，社会结构和关系模式在联盟形成中起到重要作用	Ahuja（2000）；Gulati 和 Gargiulo（1999）

a. 从企业内部因素视角看，主要的伙伴选择标准有资源、声誉、目标、风险等。资源的内涵非常广泛，具体而言，联盟中的资源包括金融资本、技术能力、管理能力及其他的无形资产等。基于资源基础观和组织学习视角，Westhead 和 Solesvik（2010）用以下标准来评估战略联盟伙伴：伙伴具有可获取的金融或无形资源、伙伴之间具有互补性能力、伙伴具有特殊的能力和行业吸引力、伙伴具有管理能力和提高产品质量的能力、伙伴具有市场相关的知识和具有分销渠道、伙伴具有吸收能力并能快速学习、伙伴希望共享他的经验、

伙伴能够利用以往合作的经验或资产、伙伴具有可获取的技术能力和独特技能。战略联盟通过伙伴企业之间资源和能力的互补性进行价值创造（Mindruta et al.，2014）。企业拥有一定的资源，但仍然需要额外的资源以在特定市场上具有竞争力。资源匮乏的企业希望学习新技术和管理能力，资源丰富的企业往往通过与拥有互补性资源的企业合作，达到整合资源的目的，或通过资源匮乏的企业合作以开拓市场（Hitt et al.，2000）。

声誉被认为是一个维持企业竞争优势的重要无形资源（Deephouse，2000），并有利于企业形成联盟。一个好的声誉，可以使潜在的合作伙伴感知到企业创造价值的能力并吸引其他资源（Turban et al.，2003）。因此，声誉可以提高一个企业寻求合作伙伴的愿望。同时，好声誉也会减少企业的结盟需求。企业累积的优势会形成重要的资源和能力池，从而保持良好的绩效。因此，声誉好的企业会较少依赖于合作伙伴并更有可能保持独立。Gu 和 Lu（2014）认为，声誉增强是否会积极或消极地影响企业结盟倾向，取决于结盟的机会和需求的相互作用。一个声誉较低的企业即便有很高的结盟需求，也会面临较低的结盟机会。声誉好的企业容易获得更高水平的信任和合法性，这是宝贵的稀缺资源。随着声誉的提高，企业有更好的结盟机会。但是，当企业已经拥有很高的声誉时，其结盟的需求也很低。企业声誉与结盟是非线性关系，适中的声誉可以使企业既有结盟机会，也有结盟需求，最容易形成联盟。Seren 等（2014）认为声誉和地位代表感知质量的两个不同方面，它们对联盟形成有独立和相互依赖的影响。他研究了技术驱动行业的企业在选择与新兴企业建立战略联盟时，如何被创立者的声誉和地位影响。

目标和风险等其他因素也在相关研究中被广泛考虑（Man et al.，2009），受到了学者们的关注。Borch 和 Solesvik（2016）对挪威海上航运行业的 R&D 战略联盟研究发现，R&D 合作的目标差异会影响企业的伙伴选择标准。Ireland 等（2002）指出了绩效风险和关系风险评估在伙伴选择中的重要性。企业参与合作的过程中也面临着矛盾，一方面因资源需求而参与合作，另一方面又担心自身资源的泄露。针对这种矛盾，Katila 等（2008）利用美国 25 年期间技术行业的投资关系研究企业间关系形成，认为当伙伴能够提供独特的资源，且自身具有有效的防御机制以保护自身资源时，企业愿意承受知识泄露的风险，寻求合作。

b. 从企业外部因素视角看，主要的伙伴选择标准有制度和经济环境等。制度环境相关的伙伴选择标准主要见于国际战略联盟形成的相关研究中。制度问题在经济活动中非常重要，可以统称为一个国家的制度框架。在不确定性情境下，制度可以限制和指导企业行为。在制度理论中，制度不仅包括正式的法律法规、司法判决和合同执行，也包括嵌入文化中被社会广泛接受的非正式规范、商业惯例和前意识的认知和观念元素（Ahlstrom et al.，2014）。制度理论认为规则、规范和价值会迫使企业在获得社会合法性并提高生存前景的过程中采用相似的实践和结构。Hitt（2004）等通过对比中国和俄罗斯的不同制度环境，在更稳定和支持性的制度环境下，中国企业在选择合作伙伴时更考虑长远，更关注伙伴的无形资产，如技术和管理能力。俄罗斯由于制度环境相对不那么稳定，管理者更注重短期的合作，更关注伙伴的金融资本和互补能力，以提高它们的能力来应对环境变化。Ahlstrom 等（2014）研究了制度差异对中国（内地）大陆、香港和台湾管理者的伙伴选择过程的影响。Lin 和 Darnall（2015）综合资源和制度视角，认为联盟形成是因为能力或合法性导向的需求，企业作出战略联盟形成的决策，受到资源基础因素和制度因素的影响，利用机会扩展现有能力并应对制度压力。这些联盟在四个结构维度上不同：组织学习、伙伴多样性、治理结构、伙伴间关系。

在不同的经济背景下（如发展中国家与发达国家情境），标准、资源和基础设施的差异会影响企业的伙伴选择过程。许多企业行为被嵌入在广泛的政治、经济和社会情境中（Walter et al.，2008）。Smith 等（2014）以泰国食品加工行业为研究对象，从技术特征、资源获取机会、市场潜力、经济效益、专业技术、管理风格六个方面研究了新兴经济体国家技术商业化和新产品开发联盟的形成。环境因素和企业自身因素之间相互影响，并共同决定了企业的联盟决策（Wassmer，2010）。这个问题在以知识型产品和技术为主的中小企业尤其突出，因为他们与大企业相比议价能力相对较低（Lavie，2007）。例如，Park 和 Zhou（2005）敦促研究人员"描绘企业的特定属性和环境与企业的联盟决策之间的直接关系"，通过识别"内部和外部属性如何相互作用来决定，一个企业如何通过形成联盟以应对竞争动态性"。针对这种观点，Mukherjee（2011）通过对中小企业 R&D 联盟形成的研究，指出环境不确定性和知识密集性阻碍了企业的 R&D 联盟形成，而企业的整体信任促进联盟形成，并且信任能够缓解环境不确定性与知识密集性对 R&D 联盟形成的负向作用。

c. 从企业之间因素视角看，主要的伙伴选择标准有战略契合、信任、历史合作关系等。权变理论认为组织有效性依赖于其运行的环境，管理者在设计组织时，必须保证战略、结构、过程和管理思想高度平衡和统一，这通常被称为内部契合（Fit）。在联盟情境中，契合的概念与互补性平衡、互惠互利、和谐与依赖类似。根据战略契合标准，企业可以考虑的合作伙伴需要拥有自身所需资源，或是能被自身资源所吸引（Iii et al.，2007）。最理想的状态是两个企业的资源和能力互补，并能够同时为两个企业带来协同效应。战略契合通过两种主要方式形成合作：一是企业提供另一个企业所不具备的资源，包括资金、技术、能力等，这些都是行业里关键性的成功因素。二是企业选择参与联盟是为了快速进入新的区域或产品市场。Douma 等（2000）从集体结盟视角，认为联盟成功需要在 5 个方面有较好的契合：人力契合、文化契合、运营契合、战略契合、组织契合。战略契合具有动态性，会随着时间的变化而变化，假如联盟管理者具有能力来管理契合的有效性和动态性，在联盟开始时的契合不足可能在后期会得到提高。战略契合普遍遵循一个关系决策制定过程，企业系统地评估不同方案并选择最佳方案。随着不确定性的增加，管理者在制定伙伴选择决策时往往面临不完全信息，或迫于时间压力，企业需要其他能力来制定伙伴选择决策。例如，当企业需要快速制定决策，且拥有不完全信息时，他们往往需要依赖信任或战略灵活性。

组织间信任在伙伴选择过程中被广泛认为是一个关键性问题（Hitt et al.，2000），对联盟形成非常重要。信任能够作为正式控制机制的补充，减少交易成本，促进解决纠纷，使联盟有更大的灵活性。因此，伙伴之间高度信任时彼此就会有更大的信心，并降低机会主义行为的可能性。同时，伙伴间相互信任能够更好地相互理解，这将减少组织间冲突的产生，从而增加联盟成功的可能性（Saxton，1997）。此外，当联盟处于新兴经济体有关的法律和制度环境中，主动建立伙伴之间的相互信任，被认为是一个减少内部和外部风险的机制（Li et al.，2008）。这种通过根据感知到的他人的信任度来解决不确定性条件的伙伴选择方法，能够促进决策制定，但同样产生了很多问题。例如，对信任的测量本身就是一个不确定性问题，很难理解组织在何时及为什么存在信任，而且对于个体间的信任和企业间的信任也需要更好地区分。因此，Iii 和 Gallagher（2007）认为单独的战略契合与信任都不足以解释伙伴选择过程。尤其是伙伴选择决策制定的效率或时间问题，是这两个方法都无法解释的。

社会网络研究的兴起，使学者们开始重视社会结构在联盟形成中的重要作用。遵循 Granovetter（1985）的研究，许多研究者应用静态效率理论，在社会交互情境下研究伙伴选择问题。Gulati（1995）发现，前期联盟创建的关系能够直接和间接地影响合作伙伴的选择。同样，Gulati 和 Gargiulo（1999）发现，当两个特定企业之间前期的相互依赖性、前期关系、共同的第三方和他们在联盟网络中的中心性增加时，新联盟成立的概率增加。Li 和 Rowley（2002）发现，除了不同的评估标准之外，惯性在伙伴选择中起着重要的作用。Ahuja（2000）总结了两类关于关系或战略联盟形成的原因：一是企业对战略或资源的需求。从这个角度来看，企业寻求合作是为了获取所需的资产、学习新的技能、管理它们对其他企业的依赖性或保持竞争的平等性。这些目的反映了企业寻求合作的"诱因"。二是从结构社会学视角来看，关系建立的模式反映了企业间关系的前期模式。企业形成新关系的能力取决于前期网络结构所处位置提供的"机会"（Chen et al.，2005）。类似的，Mukherjee（2011）认为有两类原因导致企业结盟：一是基于经济学和战略管理的研究，资源互补、追求权力和协同创造价值的潜力可能驱动企业结盟。二是基于社会学视角，社会结构在联盟形成中起到重要作用，直接或间接的关系经验促进未来关系的形成。

3.2.2　技术创新网络伙伴选择：多样性和嵌入性

在动荡和超竞争的新环境下，企业对知识、能力和资源需求的深度与宽度不断增加，单个企业难以完全依靠自身来应对新的竞争形势。因此，企业通常寻求那些能使它们及时访问和更有效地利用互补性（或相似性）资源、能力和知识的异质性伙伴进行合作，并建立广泛的组织关系。从而，随着时间的推移，组织间网络出现，创新变成一个网络现象（Dagnino et al.，2015）。伙伴选择过程是解释网络形成和网络动态性的关键。创新网络中的伙伴选择理论多见于网络形成相关研究中。许多研究已经探索了创新网络形成的动机：获得新市场和新技术、加速产品推广、整合互补技能、维护产权、风险分担、把握知识开发和利用的机会等（Pittaway et al.，2004）。从技术创新网络伙伴选择的相关研究来看，企业的伙伴选择行为是理解网络动态过程的基础（Dagnino et al.，2015）。现有研究多关注伙伴选择的影响因素及伙伴选择为合作方所带来的信任、互惠和成本降低等好处（Baum et al.，2010），这些研究多从企业间二元视角理解伙伴选择过程，却较少从更广泛的整体视角考虑伙伴选择对网络带来的影响。

现有研究主要从两个视角研究创新网络中的伙伴选择问题：一是基于资源基础观理论，从多样性视角（也称为依赖性视角）研究网络成员的属性和特征对组织间合作关系发展过程的影响（Dagnino et al., 2015）。二是基于网络嵌入性理论，从嵌入性视角认为通过降低搜寻和执行成本，企业的现有关系模式能够促进和约束未来的伙伴选择（Baum et al., 2010）。这两个方面的研究，分别强调了创新网络形成的"诱因"和"机会"（Ahuja, 2000），前者表明技术或商业资源需求是导致企业与其他企业形成网络关系的诱因，后者强调企业的现有关系和网络能力是形成和发展网络关系的机会。代表性的研究如 Ahuja 等（2009）、Ghosh 等（2016）、Zheng 和 Xia（2017）从嵌入性与依赖性（多样性）两个方面分析联盟网络形成过程。其中，嵌入性依照 Gulati 和 Gargiulo（1999）、Polidoro 等（2011）的研究，包括关系嵌入性（两个企业间前期的历史二元关系）、结构嵌入性（网络中的小子集，如传递性和三元闭包）和位置嵌入性（整体网络中的中心性）。依赖性（多样性）则由每个企业的属性和特征来反映（也称为同质性、异质性、相似性或互补性）（Ahuja et al., 2012；Rothaermel et al., 2008），如技术、地理和产品市场等资源相似性（Ahuja et al., 2009），或目标、知识库、功能和能力、认知、权力和地位、文化等成员异质性（Corsaro et al., 2012；Corsaro et al., 2015）。

（1）多样性视角下的伙伴选择研究

a. 多样性的内涵与构成。根据上述分析，多样性视角下的伙伴选择主要关注企业的属性和特征。多样性（也称为异质性）是技术创新网络的最基本特征（Phelps, 2010），主要关注节点组织在自身属性、资源等方面的差异化（Ahuja et al., 2009；Obstfeld et al., 2014）。Delgado-Márquez 等（2018）把网络多样性看作是网络成员之间在属性"x"上的相似性和差异性。多样性成员被认为是构成技术创新网络的基础，从这个角度讲，创新是由多个成员相互作用的结果，这些成员往往属于不同的行业、社会和技术网络。创新网络则因参与其中的网络成员而得以具体化和持续发展（Nyström et al., 2014）。多样性研究有一个共同的理解：网络中的不同成员充分参与创新系统过程（Corsaro et al., 2012）。创新是由不同利益相关者相互合作和互动，并承诺产生一些新颖性或差异性事物而创造的。个体或组织形式的网络成员为创新网络带来新的理解、创意、信任惯例、规范和新颖性。例如，研究者发现合作创新网络的有效性可以由成员的相关元素决定，如企业的总体战略、创新强度和企业的技术、网络能力（Perks et al., 2011）。Rampersad 等（2010）表明，权力、信任、协调、交流和 R&D 效率是创新网络有效管理的关键要素，而 Möller（2010）认为成员对新产品和服务的建设意义有助于创新。Cantù 等（2012）探讨了成员在开发复杂解决方案时的角色，强调成员的异质性目标和它们在过程中的交互，如何随着时间的推移产生创新的解决方案。显然，创新是由多样化的经济、社会、政治、文化和地理环境中的不同成员之间的相互作用而产生。很多战略联盟和团队领域的相关文献讨论了成员自身的异质性问题（Lee et al., 2010），但对创新网络的研究较少。从目前来看，需要更多的理论和实证研究，从成员自身的属性和特征角度，去理解成员在网络中的行为，以及其行为对创新过程和结果的影响。

在多样性的构成方面，学者们从不同角度提出了许多要素。如 Goerzen 和 Beamish（2005）探索了产品多样性、地理多样性、企业规模、资本文化、产业盈利能力等异质性属性对企业绩效的影响。Ahuja 等（2009）从技术、地理和产品市场三个方面衡量企业间的资源相似性。Barlow 等（2006）发现七个多样性要素可能影响网络的创新成果：存在明确的用户、组织和政策背景、本地支持框架、项目管理方法、项目复杂性、提出创新的证据基础、组织文化。Lavie 等（2012）认为在一项特定的研究中很难考虑所有的异质性因素，他们根据相关领域选择从战略差异、文化差异和惯例差异三个角度研究异质性。Bruyaka 等（2017）认为网络合作伙伴的多样性或相似性属性特征可能表现在任务、商业、组织等层面。任务或商业层面的相似性包括相似的竞争或公司战略、资源禀赋（如地位、声誉、技术、人员或分销渠道），组织相似性则包括组织文化、身份、结构、人力资源政策，以及其他管理系统等。在创新网络研究中，学者们认为多样化成员间的交互是不同价值观、角色预期、激励结构、目标、语言、理解、文化和实践等的体现。相关领域的多样性研究表明，构成多样性的特征因子非常多且难以测量，在深入的文献分析基础上，Corsaro 等（2012）、Corsaro 和 Cantù（2015）筛选出六种最常见的属性：目标、知识、功能和能力、认知、权力和地位、文化。他们还建议从"距离（邻近性）"相关研究中解决多样性的测量问题。因此，一些邻近性方面的因子，如地理邻近性、技术邻近性、组织邻近性、社会邻近性等，也可以被视为多样性研究的另一方面内容。

b. 多样性对技术创新网络的影响。从上述分析可以看出，多样性的构成要素非常多，往往因为研究者选择的视角不同而有所差异。因此，根据 Corsaro

等（2012）的建议，主要从两个方面综述多样性对技术创新网络的影响：一是该研究提出的目标、知识等六个主要维度；二是该研究提及的距离（邻近性）相关维度。

不同的组织在能力、目标、文化和战略等方面都具有差异（Fonti et al.，2015）。社会规范将更容易从与自身相似的组织活动中形成。在大规模和异质性的网络中，组织更可能观察并遵循从相似成员处推断出的规范，因为那是最直观的。例如，两个计算机公司之间或两个生物科技公司之间的联系要明显强于一个计算机公司与一个生物科技公司之间的联系（Newman，2010）。根据这种观点，Nieto 和 Santamaria（2007）指出不同合作伙伴特定的特征和目标会带来不同结果。有时，这些差异会导致彼此误解，然后造成紧张的局势。相反，领域相似性和目标兼容性被认为是积极的因素，有利于加强组织间的关系，提高效率。在知识基础方面，有类似知识库的合作伙伴具有更高的合作倾向，并更倾向于信任和相互了解，从而减少企业间合作的搜寻和交易成本。Diestre 和 Rajagopalan（2012）研究得出，知识和经验的相关性能够促进企业间 R&D 伙伴关系选择，而企业的知识多样性和知识广度对这种积极关系有负向的调节作用。异质性的知识基础导致信息不对称。同时，具有异质性知识的企业在网络中对其他企业具有吸引力，有利于特定伙伴关系的建立，但异质性太强又会使企业间交流产生障碍，影响继续合作（Pérez–Nordtvedt et al.，2008）。在组织的认知方面，Rampersad 等（2010）指出，网络层面的创新应考虑不同网络参与者的认知。不同成员，如行业管理者和企业家、高校管理者和高校科学家们，在产学合作的技术转移方面有不同的观点。当技术转移网络存在认知差异时，组织／管理者会阻碍技术转移并影响技术创新过程的提升。一旦创建共识，形成对问题和解决方案的共同理解，会极大地促进沟通和进一步学习。类似的，兼容的文化往往也会促进合作并提高其效果（Chen et al.，2011）。伙伴之间的兼容文化往往会产生关系聚合，使它们更容易克服产生冲突的可能性，从而加强互相理解，统一目标。除了以上这种"相似性"有利于合作的观点，也有研究认为"差异性"有利于合作。例如，在能力方面，成员对给定的任务有不同的执行能力，能力较高的成员在相关任务领域能达到更高的绩效（Lee et al.，2010）。Baum 等（2000）指出，成员能力的多样性（大学、研究机构、竞争对手等）在联盟形成的启动阶段积极影响绩效。同样的，权力的差异性也会影响创新网络的协调战略（Rampersad et al.，2010）。Dhanasai 和 Parkhe（2006）

探讨了编配者企业的角色，该企业利用其在创新网络结构中的中心性，赋予价值的公平分配，并通过专注于信任、程序规范和联合资产所有权协调专用性问题。

对邻近性的研究学者们最早关注的是地理邻近性，后来又发展出认知邻近性、组织邻近性、技术邻近性和社会邻近性等，邻近性成为一个多维度概念。Boschma（2005）在广泛梳理和归纳总结之后，将邻近性总结为认知邻近性、组织邻近性、社会邻近性、制度邻近性和地理邻近性五个维度。这个归类结果已经被一些研究采纳，例如，Kudic 等（2013）从这五个维度解释了德国激光源制造行业网络的形成过程。Balland 等（2014）认为知识网络构建和邻近性之间是一个共同演化的动态过程，并从这五个维度描述了这个动态过程。但是，也有学者认为这五个维度仍然存在相互重叠的情况，因此，Knoben 和Oerlemans（2006）将众多距离（邻近性）维度归纳为三种：组织邻近性（结构、文化、制度等特征方面的相似程度）、地理邻近性（物理或空间上的距离程度）和技术邻近性（知识或技术构成的相似程度）。这种划分方法较好地解决了多个维度概念的重叠问题。截至目前，对邻近性维度的划分仍然没有得到统一，学者们多从各自的研究视角和研究需要选择相应的邻近性维度进行研究。这些研究既有单独考虑某一个维度，也有同时考虑多个维度的情况。例如，Wal 和Anne（2013）从德国生物技术网络中发现，地理邻近性促进企业间隐性知识的探索。Buchmann 和 Pyka（2015）利用 1998—2007 年 R&D 项目数据从地理距离、技术距离、合作经验等方面对德国汽车工业样本企业的合作行为和网络特征进行了确认和解释。Reuer 和 Lahiri（2014）认为地理距离的增加会导致信息不对称和逆向选择风险，这会阻碍企业间 R&D 合作的形成，但是当两个企业有过历史合作经验，或在同样的产品市场，或具有相似的技术资源时，地理距离的负面作用会降低。Funk（2014）认为与距离较远的伙伴合作会带来新颖性知识，但远距离的伙伴不易管理、合作成本较高，且知识转移会受到法律和协调等难题的限制，因此，地理邻近性能够促进知识溢出，但这个作用过程也会受到网络结构的影响。组织邻近性反映了企业在组织结构、文化、目标等组织特征方面的相似程度（曾德明 等，2014）。O'Malley 等（2014）从社会认同和社会分类等理论角度，认为组织身份的相似性表明组织之间具有一致的价值观，这可以促进企业间的相互熟悉和相互信任，有利于企业间建立合作。知识或技术也是邻近性研究中常见的要素。Gilsing 等（2008）认为技术知识的相似性会使企

业间更容易判断彼此的技术资源和能力，可以降低知识评估过程中的成本，而技术距离较大时往往会阻碍企业间的沟通和交流，提高评估成本。Capaldo 等（2017）指出知识成熟度与新颖性创新的倒 U 型关系，并认为通过引入地理上距离较远的知识可以提高知识成熟度的正面作用，通过引入技术上距离较远的知识或等待知识的普及会降低这种正面作用。Cohen（2016）通过对美国的生物制药行业网络的研究发现，知识异质性对 R&D 联盟网络的突破式创新具有积极作用，但在达到一定阈值后反而会表现出负面效应。

（2）嵌入性视角下的伙伴选择研究

a. 嵌入性的内涵与构成。组织研究中的嵌入性概念最早由 Polanyi 于 1944 年提出，他认为经济并非像古典经济理论中所阐释的是自足的，而是从属于政治、宗教和社会关系。此后，"嵌入"概念得到了长期的发展。Granovetter（1985）把"嵌入"概念具体到特定情境中，认为个体的行为都嵌入于个体间关系网络中，嵌入性是经济行为在特定社会结构中的持续情境化，这为网络嵌入性研究奠定了重要基础。在此基础上，Zukin 和 Dimaggio（1990）拓展了嵌入性的定义，提出嵌入性是经济活动关于认知、文化、社会结构和政治制度的权变属性。嵌入性研究总体上考察的是经济活动的特征，更为关注组织层面的命题。对于企业这一特定组织来说，嵌入性依托于企业所处社会网络，该网络是"一个选择性的、持续运行的、独立于企业（及非营利机构）的结构集合，它基于隐式和开放式的合同、适应环境变化、维系不断交流、创造产品或服务"（Simsek et al., 2003）。相应的，嵌入性描述了企业在社会网络中与其他企业的联系结构，换言之，企业在什么程度上与其他企业发生联系（Ann et al., 2005）。Ashraf 等（2014）认为网络嵌入性是企业间联系的模式。企业嵌入在一系列关系和交互中，并决定了企业的行为和结果（Ahuja et al., 2009；Stern et al., 2014）。企业层面的嵌入性，是企业层面的社会关系对经济行为的塑造，也是成员间资源依赖性不断增加的结果，这也减少了机会主义行为的可能性（Bermiss et al., 2015）。在网络情境中，嵌入性超越了简单的、二元的购买者和销售者的联系，这种联系嵌入在不同的商业环境之中，不同的参与者通过嵌入互相联系、彼此依赖，企业可以利用嵌入性的特征开发、完善和协同不同联系点，以完善企业的经营网络。

在嵌入性的构成方面，Granovetter（1985）指出嵌入性受到经济行为者的二元关系和网络整体结构的影响，并提出了关系嵌入性和结构嵌入性两个概念。Zukin 和 Dimaggio（1990）从认知、文化、社会结构和政治制度 4 个方面区分嵌入性。Fletcher 和 Barrett（2001）指出嵌入性具有 3 种维度：时间维度、空间维度和表象维度。Andersson 等（2002）把嵌入性分为业务嵌入性与技术嵌入性。Hagedorn（2006）将嵌入性分为三个层次：双边嵌入性、组织间嵌入性和环境嵌入性。这三个层次表现为从宏观联系到中观联系再到微观联系的组织嵌入性。对于嵌入性的层次结构，从宏观的国家环境、产业特性，到中观的企业关系网络，再到微观的企业双边关系，这些嵌入性都会直接影响到组织对外部合作对象的选择，影响到组织新合作关系的形成。Gulati 和 Gargiulo（1998）把嵌入性归结为关系嵌入性、结构嵌入性和位置嵌入性三个方面。关系嵌入性是指组织间关系的强弱特征；结构嵌入性是指组织间拥有共同合作伙伴，即第三方关系构成的三元结构（triad structure）；位置嵌入性是指组织在网络结构中占据的中心位置。上述对嵌入性的分类来源于经济与管理等多个领域研究，其中从网络联系视角划分的关系嵌入性、结构嵌入性和位置嵌入性等是社会网络和创新网络研究中的重要内容。

b. 嵌入性对技术创新网络的影响。网络嵌入性理论被广泛运用以解释伙伴关系选择及网络形成等动态过程（Baum et al.，2010）。嵌入性使企业更频繁地在有限范围内寻求伙伴，因为关系的信息价值激励企业与过去的伙伴维持关系（关系惯性），并基于伙伴的推荐与伙伴的伙伴形成新的关系（关系传递）（Coleman，1988）。网络研究主要从关系、结构和位置嵌入性等方面研究网络动态性（Polidoro et al.，2011）。

一些学者从组织间历史关系的角度出发，认为过去的连接关系会加强现在和将来的新连接关系（Bakker et al.，2015）。企业间前期合作产生的信任会形成强关系，彼此识别需求并优先连接。Bakker 和 Knoben（2015）从未来影子视角研究了企业间过去的连接关系对现在和将来的新连接关系的影响，认为过去的连接关系会加强现在和将来的新连接关系。Lin（2009）指出组织间相互依赖的关系，网络嵌入性特别是关系嵌入性推动组织间惯例的形成。然而，前期合作关系形成的重复合作，对网络的作用具有两面性（Goerzen，2007）。Duysters 和 Lemmens（2003）指出，企业间后续关系的形成严重依赖于它们前期的直接和间接关系，这种本地搜寻使企业间建立信任和优先连接。但是，重复的紧密关系会导致过度嵌入形成惯性，企业不太可能再寻求外部合作伙伴，联盟群体越来越同质，减少学习机会和创新能力（Goerzen，2007）。Rogan（2013）

也指出，关系嵌入性对企业间的关系稳定具有两面性，当企业间竞争重叠性关系越强时，由于信息泄露和信息背叛等担忧，关系嵌入性会增加企业间关系消散的可能性；另一些学者则指出多重关系（multiplexity）也会加强企业间的二元关系（Shipilov et al.，2014），多重关系是指两个或两个以上不同关系在相同的成员间同时发生的趋势。它们认为组织间多重关系可以加固现有关系并降低交易风险，增加复杂信息共享和学习，对关系保留具有重要作用（Rogan，2014）。

共同的第三方可以监控伙伴行为，遏制机会主义行为，解决其他合作伙伴之间的冲突，促进信任，防止破坏性分裂的发生（Gulati，1998）。来自相同合作伙伴的支持和推荐也可以减少关于潜在合作伙伴质量和动机的不确定性（Burt et al.，1995）。共同的关系也可以通过促进信息流强化好的行为（Rowley，1997）。Rosenkopf 和 Padula（2008）认为除了内生性因素（如可预见性、路径依赖性等历史网络关系）会影响网络动态性以外，结构同质性为组织间的接触创造捷径，企业通过捷径进行远程搜索选择合作伙伴。Paquin 和 Howard-Grenville（2013）从网络编配角度理解网络的形成过程，认为编配者为了向网络成员和受众证明网络的价值会不断改变其编配行为，从最初鼓励网络成员之间偶然合作，到越来越多地有选择性地影响企业间相互作用。Sytch 和 Tatarynowicz（2014）认为第三方在三元结构的形成中起着关键作用，在某些情况下第三方可以通过占据经纪位置来充当渔利者角色，进而获取代理优势。在另一些情况下，为避免三元结构中产生冲突，第三方也可以使其余两方不形成合作关系从而起到积极作用。Reagans 等（2014）认为第三方有共同第三方和非共同第三方之分，共同第三方对知识转移具有积极影响，而非共同第三方对知识共享具有负面作用。Jonczyk 等（2016）指出在人员晋升的角色转换过程中，网络结构就如同"过去的影子"一样在角色转换过程中会影响所获取新关系的质量。Perry-Smith 和 Mannucci（2017）认为网络关系和结构在创新的不同阶段作用不同，在某个阶段有利的关系和结构往往在另一个阶段反而有害，因此，在适当的时刻改变网络特征会有利于创意产生到实现的整体创新过程。Ter Wal 等（2017）提出信息的多样性和对信息的理解两种网络配置来整合网络配置和相似性理论，认为封闭的多样性网络能够提供多样性知识，并且共同的第三方能够促进对知识的理解。

当一个企业拥有占主导地位的资源和地位时，公司经常成为中心企业，为群体提供必要的治理和纪律来实现其目标。位置嵌入性使网络形成中心和外围网络结构，权力不对称使外围弱权力网络成员更容易退出网络（常红锦 等，2013）。Shipilov 等（2011）认为处于经纪位置的企业往往根据其对绩效的愿景实现程度来选择不同地位的合作伙伴，当绩效愿景偏离原来的预期时经纪企业会改变伙伴选择策略，进而选择与其地位相近的伙伴。Yin 等（2012）指出当联盟网络中有更多成员时，企业在前期的经纪位置优势越强，就越可以在后期的网络中保持这种影响力。Clement 等（2018）从经纪位置的角度研究法国的电视游戏行业网络，发现处于中心位置的企业由于能够提供新颖性知识而对合作伙伴具有正面的外部效应，但由于中心位置企业往往在跨群运动方面投入太多的时间和精力，导致与伙伴之间没有较强的承诺，从而表现出负面的外部效应。

3.2.3　网络断层与伙伴选择的联系

如前所述，社会认同和自我分类理论等个体间群体层面断层的理论基础，从本质上看都是伙伴选择的过程。在组织间层面的断层研究中，Heidl 等（2014）和 Zhang 等（2017）从关系嵌入性角度理解断层的形成过程。个体间群体层面的断层研究实际上是从个体多样性视角探索了断层的形成，而组织间群体的断层研究实际上是从嵌入性视角分析了断层的形成。成泷等（2017）和党兴华等（2016）综合这两方面观点，认为分析企业间伙伴选择过程是理解网络断层概念的关键。从总体上看，组织间层面的断层研究仍处于起步阶段，但伙伴选择作为分析网络动态过程的基础，也在一定程度上说明多样性与嵌入性对理解网络断层概念的基础作用。从技术创新网络伙伴选择的相关研究来看，企业的伙伴选择行为是理解网络动态过程的基础（Dagnino et al.，2015）。现有研究多关注伙伴选择的影响因素及伙伴选择为合作方所带来的信任、互惠和成本降低等好处（Baum et al.，2010），这些研究多从企业间二元视角理解伙伴选择过程，却较少从更广泛的整体视角考虑伙伴选择对网络带来的影响。

在个体间群体层面的断层研究中，现有研究已经区分了多样性和断层的不同。虽然多样性和断层都研究群体的多样性构成如何影响群体的行为和结果，但这是两个不同的概念。学者们对这两个概念进行了明确的区分（Lau et al.，1998；Ndofor et al.，2015）。多样性关注群体成员在某一属性上的差异性程度，

而断层关注多个属性聚合引起的群体多样性结构（Gibson et al., 2003）。二者没有统计意义上的相关性，多样性相同的群体也可能表现出不同的断层强度。虽然同样都是基于社会认同和自我分类等伙伴选择范式，但断层强调同时考虑多个属性特征在相似属性上的重叠性。成员间相似属性越多，越有可能产生属性聚合进而形成子群。同时，断层研究还需要考虑多样性的影响。最常见的做法是将异质性作为控制变量。例如，Meyer 等（2016）在研究年龄、性别和教育背景引起的断层时，分别将年龄、性别和教育背景的异质性作为控制变量。同样的，Ren 等（2015）在研究任务价值、专业水平和文化背景引起的断层时，也将这三个异质性属性作为控制变量考虑。Gibson 和 Vermeulen（2003）同时研究异质性与断层对组织学习行为的影响，研究得出异质性与学习行为表现出正 U 型关系，而断层与学习行为呈现出倒 U 型关系，且异质性的作用只有在控制断层的共同效应时才显著。Mäs 等（2013）指出断层对子群极化的影响过程中，群体成员的同质性和初始一致性会起到很重要的作用。Ndofor 等（2015）研究指出断层与异质性对企业绩效的影响过程中存在交互作用。Heidl 等（2014）在研究关系嵌入性引起的组织间断层时，也控制了地理多样性、产业类别等异质性因素。这些研究均得出单个属性的异质性作用不显著的结论。

Heidl 等（2014）的研究表明，关系嵌入性是引起组织间断层的基础。当组织间嵌入的关系强度在不同成员对间分布不均匀时，会使多边联盟形成潜在的断层。该研究还指出，人口属性断层产生的本质是成员间共享经验的差异程度所致，如相似年龄和种族的群体可能具有相似的生活经验。经验同样可以通过组织间的历史交互过程而直接共享。这说明他们认为多样性和关系嵌入性都是引起断层的重要原因。目前，还没有研究从多样性视角研究组织间群体的断层现象，但一些从多样性视角研究网络动态性的研究指出多样性对网络分裂成子群具有明显作用。例如，Gulati 等（2012）从社会结构和组织行为的交互作用对小世界网络动态演化过程的研究表明，随着网络异质性的降低和独立性的增强，会使网络创新潜力不断下降，最终将导致网络分裂。从这个角度看，异质性促进创造力，并使成员间互动更有效，而异质性的降低和独立性的增强是网络分裂的原因。Smith 和 Hou（2015）认为异质性是网络分裂的基础，相似吸引使异质性群体中形成相对同质的子群，产生派系。

3.3　网络断层的构成

　　团队层面的断层概念本质上是个体经验的间接共享过程，多样性的个体属性特征被用来代理群体共享经验的差异。除此以外，经验还可以通过个体间的历史合作关系而直接共享，因为企业间的强关系能够加强彼此信任，提高凝聚力（Heidl et al.，2014）。综合而言，无论是基于个体属性特征的间接共享，还是基于历史合作关系的直接共享，其分析视角都是基于个体间的伙伴选择过程，而伙伴选择的构成要素也是区分断层的主要依据。因此，探讨网络断层的构成，可以从网络形成的关键问题——企业间伙伴选择的角度展开，只要能引起经验共享程度差异的伙伴选择标准，都能作为构成网络断层的驱动要素。在组织间网络形成的相关研究中，社会网络研究通常从构成变量（组织的属性特征）和结构变量（组织间的二元联系）两个方面进行网络分析（Wasserman et al.，1994；Ji et al.，2015）。创新网络形成研究则主要基于以下两种理论：资源基础观理论，认为网络成员的多样性属性和特征在组织间合作关系发展过程中非常重要，代表网络形成的"诱因"（Dagnino et al.，2015）；网络嵌入性理论，认为通过降低搜寻和执行成本，企业的现有关系模式能够促进和约束未来的伙伴选择，代表网络形成的"机会"（Baum et al.，2010）。两个理论视角在一些研究中也被称为多样性与嵌入性视角。从本质上看，在研究网络形成时，都主要从网络成员自身属性和成员间关系两个方面展开。基于此，结合团队前期的研究成果（党兴华 等，2016；成泷 等，2017），本书将网络断层划分为属性型断层与关系型断层两类。

3.3.1　属性型断层

（1）属性型断层的内涵

　　类似于团队层面的断层研究，属性型断层主要关注网络成员的个体属性和特征在网络中的分布与构成，是指由于企业间属性聚合引起的经验共享程度差异，进而产生的整体网络内部分化倾向。与群体断层类似，网络成员之间多个属性的相似性能够增强彼此的凝聚力，从而产生"群体内"与"群体外"的子群问题。对于属性和特征的具体要素，在多样性或异质性相关研究中成果丰

富，如多样性研究关注的成员的目标、成员的知识库、成员的功能和能力、成员的认知、成员的权力和地位、成员的文化等（Corsaro et al.，2012；Corsaro et al.，2015），以及邻近性研究关注的组织邻近性、地理邻近性和技术邻近性等（Knoben et al.，2006）。由于涉及的因素太多，对于哪些特定的属性组合能够产生属性型断层，在企业间网络层面也难以有定论，研究者可以根据特定的研究情境、理论需求和可操作性选取适合的属性组合开展研究。Gibson 和 Vermeulen（2003）在研究中采用了匹配成员对属性的方法来反映断层强度，其核心思想是将属性相似的成员进行匹配，这与技术创新网络中邻近性的思想接近。同时，Corsaro 等（2012）也建议，对成员属性的选择可以从"距离（邻近性）"相关研究中解决。结合 Knoben 和 Oerlemans（2006）对邻近性的维度划分，本书从身份、地理和知识三个组织属性分析属性型断层（成泷 等，2017）。其中，身份体现了一系列核心的、独特的组织特征，包括核心价值、文化和产品等。根据社会分类理论，相似的身份表明组织间具有相似的价值观（O'Malley et al.，2014），可以增加相互信任，促进相互熟悉，进而可以很容易辨认彼此特征，以决定是否合作；地理位置体现了组织间在物理或空间上的距离程度，地理邻近性是组织选择合作伙伴的重要原因，创新网络在一些产业领域中呈现明显的本地化特征（Grabher et al.，2006），地理距离较近的组织往往相互合作形成集群（Gebreeyesus et al.，2013）；知识是技术创新网络中企业所拥有的关键资源（Möller et al.，2006）。根据相似吸引理论，知识相似的个体隶属于同一个知识基础子群，因为它们处理信息的方式相同（Carton et al.，2013）。相反，网络资源在技术上的差异性会增加企业间合作的困难。知识异质性越大，越不利于企业双方对彼此知识的互相吸收。

（2）属性型断层的理论基础：相似性伙伴选择

"相似吸引（或相似性选择）"是技术创新网络产生属性型断层的理论基础。通常情况下，高创新性的企业往往通过技术战略的相似性来搜寻合作伙伴，因为企业之间在技术能力（Mowery et al.，1998）、知识基础和支配逻辑（Lane et al.，1998）、创新导向（Rothaermel et al.，2008）等方面的相似性会促进彼此的合作。邻近性的研究也表明，地理邻近的潜在伙伴彼此更熟悉，更容易评估对方的技术资源和前景（Reuer et al.，2014）。因此，知识溢出特别是隐性知识溢出表现出地理划分的本地化交易趋势。同样，当企业间拥有相似的技术或知识时，彼此的吸收能力会更大，企业能够更容易理解对方的想法或机会，相互信任和知识共享会得到增强（Gilsing et al., 2008）。此外，相似组织往往因为组织邻近和背景相同而具有相似的文化、组织结构、组织社会关系及环境等（曾德明 等, 2014），进而促进企业间的认知邻近，使认识世界和理解世界的方式容易达成一致（李琳 等, 2015）。除了相似性选择以外，企业也与能提供互补性资源和技能的伙伴结盟。在这种合作中，企业通常搜寻那些能够给他们提供自身所缺乏的关键能力的伙伴结盟，以提高自身的能力（Rothaermel, 2001）。但是，在寻求与互补性资源的企业合作时，往往会面临不可避免的合法性和不确定性问题（Kale et al., 2000）。因此，尽管互补性也是企业搜寻合作伙伴的重要方式之一，但在高技术企业之间的创新合作中，尤其是以专利为现实反映企业能力的情况下，企业更可能与相似的伙伴结盟（Sorensen et al., 2000）。类似于个体之间相似吸引而引起的"群体内–外"问题，组织层面的相似性、邻近性和共同身份等微观动态性，可能导致社会关系在小群体内集聚，通过形成派系影响网络动态性（Ahuja et al., 2012）。在此过程中，同质性或相似性是塑造网络结构的最重要驱动力之一（Anderson et al., 2015）。因为个体的属性如同遗传基因一样在网络中传播，通过识别这些属性信息能够充分评估该个体的性能，进而影响大规模的集群形成过程及新产品和创新。因此，有充分的证据表明，企业之间在一个或多个多样性属性上的相似性选择会产生特别强大的凝聚力。类似于断层带来的子群效应，这种局部成员间的凝聚力也会使技术创新网络分裂成多个子群，并且相似成员更容易相互辨识以确定各自的子群归属。

3.3.2 关系型断层

（1）关系型断层的内涵

借鉴 Heidl 等（2014）的研究，关系型断层主要关注网络成员之间的关系强度在网络中的分布情况，是指由于企业间关系强度的不均匀分布引起的经验共享程度差异，进而产生的整体网络内部分化倾向。与属性型断层研究企业间属性聚合而引起的间接经验共享不同，关系型断层强调企业间的历史合作关系引起的直接经验共享程度差异。类似于人口属性带来的子群问题，企业间由于前期的历史合作关系带来的强连带，能将较大的网络分裂成多个子群。企业间关系的相关研究与关系型断层概念密切相关，解释了企业怎样花费大量时间和努力以搜寻有能力并可靠的合作伙伴（Dekker，2008），以及会选择什么样的合作伙伴（Li et al.，2008）。这些研究多基于交易成本理论、资源基础观、学习理论等视角，认为获取期望的利益是伙伴间关系形成的基础（Cowan et al.，2015）。它们的共同点是，强调了信息收集和学习是搜寻过程的关键目标（Dekker et al.，2010）。与伙伴搜寻相似，合作经验是组织学习的重要来源。通过前期的历史合作关系，可以增强企业间的信任，为企业提供关于伙伴的重要信息，包括可靠性、能力、惯例和决策制定过程等（Gulati et al.，1999）。因此，伙伴之间的历史合作关系是决定关系型断层的先决条件，而关系强度则是构成关系型断层的基本要素，也是衡量关系型断层的基础（党兴华 等，2016）。关系强度的研究多以 Granovetter（1985）的强关系和弱关系理论为基础，这为理解网络结构起到了关键性作用。然而，从静态的视角理解关系强度不能解释网络的动态演化过程，也不能反映组织如何管理网络中的关系积累和资源复制过程（Mariotti et al.，2012）。正如 Steier 和 Eenwood（2000）所言，网络过载对网络效率具有极大的破坏性，因为拥有大量联系人的好处，会被管理这些联系人所需要的额外精力和资源所抵消。因此，在现实的合作创新过程中，企业之间相互合作形成的技术创新网络通常不是完全连接的，而是存在大量的子群、派系或抱团现象（赵炎 等，2014）。因此，本书并不是以简单的企业间二元合作关系强度为研究对象，而是重点关注企业间关系强度在整体网络中的分布情况，以此衡量整体网络中的关系型断层。

（2）关系型断层的理论基础：本地搜寻伙伴选择

本地搜寻伙伴选择是技术创新网络产生关系型断层的理论基础。本地搜寻是指企业通过历史合作形成重复关系，或通过共同第三方连接建立间接关系（Sorenson et al.，2008）。网络形成研究中的嵌入性视角认为，社会结构情境是联盟形成过程的一个重要驱动因素（Gulati，1995）。嵌入性使得企业在选择合作伙伴时，优先考虑与过去的合作伙伴已经建立的社会资本，从而影响企业的关系行为。社会资本本质上依赖于过去的合作经验，使得企业的伙伴选择过程建立在直接或间接的合作经验之上（Oh et al.，2004）。由于伙伴选择过程成本高昂且耗费时间，因此企业倾向于通过本地搜寻来形成随后的伙伴关系。这种与过去的伙伴优先合作的方式一方面可以减少寻找互补性资源伙伴的搜寻成本，并降低机会主义风险（Gulati et al.，1999）；另一方面能够增加企业之间的亲密度和信任，提高伙伴之间的合作愿景（Gulati，1995）。通过优先合作，企业嵌入在连接紧密的关系网络中，并基于社会资本参与新的合作（Duysters et al.，2003）。除了本地搜寻以外，探索性搜寻或远程搜寻这种外生性的伙伴选择机制也引起了学者们的重视（Rosenkopf et al.，2008）。远程搜寻是指本地搜寻以外的其他搜寻行为（Hagedoorn et al.，2011），倾向于在不熟悉的伙伴间建立关系。通过远程搜寻能增加搜寻的变异和高度新颖知识的重组机会（Phelps，2010），但可能带来更高的成本和不确定性问题（March，1991），相较于本地搜寻，在效率和确定性方面更低。因此，远程搜寻通常被认为可以在不同的子群之间建立沟通的"桥梁"或"捷径"，而不是凝聚子群形成的驱动力（Rosenkopf et al.，2008）。相关研究表明，与远程搜寻相比，网络成员更倾向于在信任和内聚关系间交互（Gulati，1995）。扩展到整体网络中，由于网络成员间彼此可能有不同程度的信任和关系，这样的强关系会产生断层（Heidl et al.，2014）。首先，企业间互惠和稳定的双边交易关系，在反复交互过程中绑定在一起。随着时间的推移，企业间建立起较强的信任机制，并通过发展多重关系、提高互惠预期、减少公正和公平担忧，并鼓励合作伙伴共享信息等进一步加强企业间的绑定。这使得企业之间的沟通模式成为解决冲突的惯例和规范（Zollo et al.，2002）。其次，企业在维护和加强与特定企业的二元关系时，必然忽略了与其他成员间的关系。当关系强度在不同成员对之间分布不同时，一些企业间保持强关系而与另一些保持弱关系，这会形成潜在的断层。从本质上讲，与过去合作过的企业交往，提供一个显著的共同属性，这会促进企业间产生一种团结或凝聚的氛围，而没有历史合作关系的企业很难再融入到这个团结的氛围中。在这种情况下，高内聚的群体形成，这些紧密连接的子网络具有共同价值观、规范和相互信任的特点，为子网络中的企业提供了很强的信任和亲密性基础（Brass et al.，1998）。因此，当网络中有多个二元关系强度分布不均匀时，会导致整体网络分裂为多个派系。

3.4　网络断层的现实表现

智能手机作为移动通信领域一项极具破坏性的创新成果，彻底改变了人们的生活方式。为了加深对网络断层概念的理解，本书从智能手机的核心组成部分——智能手机操作系统这个角度，描述智能手机技术创新网络的演变过

程，揭示断层在创新网络中的具体表现。智能手机领域常见的操作系统有：Android（谷歌）、iOS（苹果）、Symbian（诺基亚）、Windows Phone（微软）和 BlackBerry OS（黑莓）等。其中，谷歌公司的 Android 和苹果公司的 iOS 几乎占领了整个智能手机市场。根据 Gartner 公司发布的调查数据，2017 年 Android 和 iOS 系统的市场份额占比分别为 85.9% 与 14.0%，合计已经达到 99.9%，包括黑莓和 Windows Phone 在内的其他操作系统市场份额占比仅剩 0.1%。据 Statcounter 公司在 2017 年 3 月的统计数据显示，在全球网络设备（包括智能手机、电脑等）使用的操作系统中，Android（市场份额占比 37.93%）甚至超越 Windows（市场份额占比 37.91%）成为世界第一大操作系统。由此可以看出，智能手机操作系统在近几年的市场上发生了巨大变化。作为市场变化背后的真正推手，Android 系统从创意产生到创新实现也经历了漫长的过程。因此，下面从 Android 系统的发展历程出发，对智能手机技术创新网络进行解析，探析网络断层在这个过程中的体现及由此引发的组织管理研究问题。

3.4.1 Android 系统发展历程与智能手机技术创新网络

从时间历程来看，Android 系统的发展历程大约经历了四个阶段：

第一阶段：萌芽阶段（2003 年之前）。智能手机操作系统的开发理念早在 20 世纪 80 年代就已经产生，而 Android 系统的开发历程和一位被称为 "Android 之父" 的工程师安迪·鲁宾（Andy Rubin）密切相关。鲁宾于 1986 年大学毕业之后先后从事于卡尔·蔡司公司、苹果公司、General Magic 公司、Artemis 公司、微软公司，并于 1999 年和他的朋友们创建了 Danger 公司。除了第一家公司以外，其余工作都与操作系统有关。最具代表性的是于 General Magic 公司开发的 Magic Cap 操作系统和于 Danger 公司开发的 Danger Hiptop 操作系统，两者都属于 "移动 OS" 范畴，但由于种种原因，两者都没能很好地实现商业化，在短暂的成功之后以失败告终。在此期间，苹果公司也经历了一系列变革，并于 2000 年左右开发出 iTunes 和 iPod，受到市场欢迎。

第二阶段：独立研发阶段（2003—2007 年）。离开 Danger 公司之后，鲁宾于 2003 年 10 月创建了 Android 公司，该公司于 2005 年 8 月被谷歌收购。在以往 "移动 OS" 失败的经验基础上，谷歌公司意识到除了进行技术突破之外，产品创新的实现还需要商业环境的支持。并且，为了开发一款极具破坏力的手

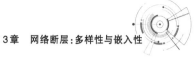

机，还需要建造基础架构，建立联盟和伙伴关系，与芯片生产商、智能手机生产商、移动运营商等结盟。但是，由于 Android 是一个开源操作系统，任何人都可以拿走 Android 原始代码，并在此基础上免费应用、开发和修改。因此，Android 系统的出现就有可能损害到运营商在手机市场上的绝对权力，打破当前市场的利益平衡。于是，在 2007 年之前，没有一家运营商愿意与谷歌合作。最终，经过长时间的努力，谷歌才与 HTC 及 T-Mobile 达成合作，准备推出第一款 Android 手机。在此期间，苹果公司于 2004 年秘密组建 iPhone 研发团队并与运营商 AT&T 秘密合作创造了一些硬件和软件设备。

　　第三阶段：研发阵营形成阶段（2007—2010 年）。正当谷歌公司准备推出第一款 Android 手机 G1 时（在预先的计划中，这款智能手机没有触摸屏，而是滑出式的键盘），苹果公司于 2007 年 6 月与运营商 AT&T 合作推出第一代 iPhone 手机，取得巨大成功。这款产品极大地突破了人们头脑中对手机的概念，它取消了传统手机上的键盘，而采用全触摸屏替换，搭载的操作系统为 iPhone OS X（后来改为 iOS）。这一事件迫使谷歌公司不得不延缓推出新手机的计划，重新研发 G1。然而，尽管 iPhone 的发布打乱了 Android 团队的计划，但这在另一方面为 Android 的发展带来了重大契机。因为 iPhone 的巨大成功，使以前牢牢掌握市场控制权的运营商权力被大大削弱，其他手机生产商和运营商找不到一款可以与 iPhone 相匹敌的智能手机。在这种情况下，iPhone 迫使手机生产商和运营商开始关注 Android 系统，因为开源使得运营商和生产商相信，谷歌不会对 Android 平台拥有绝对权力，这使得谷歌寻求合作者开始变得越来越容易。于是，谷歌于 2007 年 11 月正式对外公布 Android 系统，并与 34 家手机制造商、手机芯片厂商和移动运营商组建开放手机联盟共同研发改良 Android 系统。2008 年 9 月，谷歌发布改版后的第一款 Android 手机 T-Mobile G1（又名 HTC Dream），以及第一代 Android 1.0。2009 年，谷歌与摩托罗拉、Verizon 合作，开发出当时市场上最出色的非 iPhone 手机 Motorola Droid，获得了巨大成功。2010 年末的数据显示，仅正式推出三年的 Android 系统已经超越称霸十年的诺基亚 Symbian 系统，跃居全球最受欢迎的智能手机平台。

　　第四阶段：研发阵营发展阶段（2010—2016 年）。2010 年 6 月，苹果发布了第四代 iPhone4，将智能手机的普及推向高潮，此时的 Android 系统也处于高速扩张时期。图 3-1 展示了由 Gartner 公司统计的 2007—2016 年全球智能手机操作系统市场份额变化情况。可以看出，2007—2013 年，Android 系统从最

初的 0% 快速增长到 78.5%，并于 2011 年打败 Symbian 系统成为行业领导者。
Symbian 系统和 BlackBerry 系统市场份额的快速缩减与 Android 系统的快速增长
形成鲜明的对比。从 2012 年开始，全球智能手机市场基本上形成由 Android 系
统和 iOS 系统两家独大的状态。

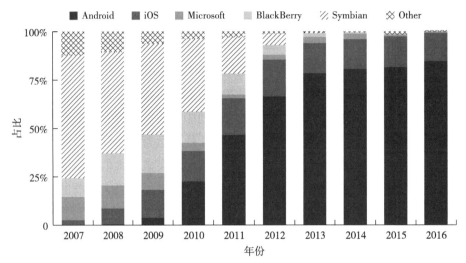

图 3-1 　2007—2016 年全球智能手机操作系统市场份额

3.4.2 　网络断层视角下全球智能手机技术创新网络解析

Android 系统发展历程在一定程度上反映了整个智能手机技术创新网络的
演化过程。通过解析这一过程，可以清晰地看到围绕 Android 和 iOS 两大操作
系统的智能手机创新阵营是如何形成和发展的。从萌芽阶段到各自独立研发，
再到各自寻求合作伙伴以开发极具破坏力的手机产品，Android 系统和 iOS 系
统的发展过程在时间上有高度的相关性，而 Android 系统的一步步变化，更是
直接影响了全球智能手机市场的变化。

在第一阶段的萌芽阶段和第二阶段的独立研发阶段，全球智能手机操作系
统在创新过程中似乎并没有什么交集，只是各自在不断地尝试并不断地失败。
如果把全球智能手机操作系统作为网络边界划分，那么可以看出，这两个阶段
的创新网络中企业间的连接非常稀疏，智能手机创新网络凝聚性较弱，企业间
合作失败率高且关系极不稳定，但这种情况在苹果发布第一代 iPhone 后发生了

巨大改变。在第三阶段，iPhone 的发布改变了智能手机的人机互动方式。同时，iPhone 的成功也改变了 Android 的合作环境，原来不合作的企业通通主动要求与 Google 合作，最终 Google 宣布成立"开放手机联盟"。至此，智能手机操作系统创新网络形成以 iOS、Android、Symbian、Windows Phone、BlackBerry 等操作系统为中心的几大阵营。在第四阶段，Symbian、BlackBerry 等阵营快速失陷，最终诺基亚放弃 Symbian 系统，市场形成以 iOS、Android 两大阵营为主的创新生态圈。通过追踪以 Android 和 iOS 两个智能手机操作系统为主的部分企业间合作情况，本部分绘制了阵营形成以后的智能手机操作系统创新网络图，如图 3-2 所示。

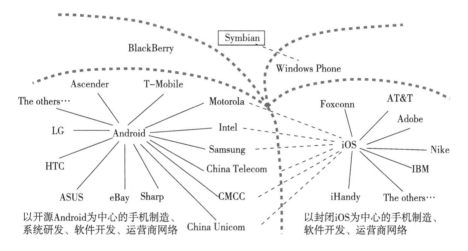

图 3-2　网络断层的现实表现：全球智能手机操作系统创新生态圈

注：此图为收集网络资料绘制，图中仅列出了部分合作企业。

图 3-2 说明，在智能手机流行之后，企业间的合作开始变得紧密，智能手机创新网络形成了较强的凝聚性。图中用虚线连接的合作关系表明这些企业既与 Android 合作，也与 iOS 开展合作。限于篇幅，本书没有列出所有参与智能手机创新的企业成员，也没有继续追踪 Symbian、Windows Phone、BlackBerry 等非主流系统的合作情况，但从图 3-2 已经明显可以看到以 Android 和 iOS 系统为核心的两大阵营形成，其中用较粗的灰色虚线划分了以不同操作系统为中心的各个阵营。从网络断层视角进一步对这一过程进行解析，可以发现：

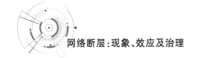
第一，企业间的合作伙伴选择是推动智能手机合作创新网络阵营形成和发展的基础。例如，出于对资源和能力的需求（如硬件制造和市场推广），Android 团队选择与同处电子行业的 HTC 和 T-Mobile 合作，研发出第一代 Android 手机 G1，随后又与 Motorola 和 Verizon 合作，开发出当时市场上最出色的非 iPhone 手机 Motorola Droid，最终又与多个企业合作成立开放手机联盟共同优化和改善 Android 系统。又如，苹果 iOS 系统与 AT&T 等的合作，使其他没有与苹果合作的企业感觉到威胁，开始积极与谷歌的 Android 系统寻求合作关系。这两个事例分别从资源和关系角度体现了企业的合作伙伴选择过程，资源需求使 Android 团队通过"拉"的形式寻求合作伙伴，而苹果的现有合作关系则将其他伙伴"推"向 Android 团队。两种形式都促进了各自合作阵营的形成，并且各自阵营内与阵营间的经验共享程度存在明显差异。

第二，把整个智能手机创新网络视为一个整体，以 Android 和 iOS 为代表的智能手机操作系统无疑在网络的动态过程中起到非常重要的作用。从一开始的零散合作到阵营形成过程中，Android 和 iOS 将合作伙伴凝聚在自身周围，知识（代码）和技术策略（开源和封闭）的差异性使两个小团体之间存在较大的异质性。实际上，根据群体层面的断层定义，图中较粗的灰色虚线实际上代表了各个小团体之间的"虚拟分界线"，即断层线。同时，各大系统背后的核心企业在推动阵营形成和网络变化的过程中起到关键性作用。Android 和 iOS 之间的竞争越明显，其阵营的界线也越明显。也就是说，通过占据网络中心位置，这两个核心企业加剧了阵营的形成和发展。

第三，阵营形成对合作创新绩效存在一定的影响。从图 3-1 可以看出，Android 系统自面市以后，市场份额越来越大，最终和 iOS 一起挤出了以前占统治地位的 Symbian 和 BlackBerry 系统。在各阵营内部，企业间的合作越来越紧密（但 Android 和 iOS 在合作方式上有差异，如 iOS 主要通过并购的形式开发系统，通过联盟的形式生产硬件，而 Android 在系统开发和硬件生产上都寻求合作，只是通过生产标准手机等方式保护自身技术标准），而在阵营外部，除了与运营商方面的合作外，Android 阵营和 iOS 阵营之间的企业在技术方面的合作很少。这在一定程度上反映了阵营形成对"群体内"和"群体外"企业间合作创新绩效的差异性影响。

此外，从智能手机合作创新网络的发展现状还可以看出：阵营形成后，"群体内"与"群体外"仍存在较强的动态性，即便是在群体内部也存在着一定程度的分化倾向，如谷歌为了抑制三星的权力过大，开始选择与华为合作等；一些特定的事件或情境条件会对技术的发展产生重要影响，例如，在 Windows95 和网络兴起之前，Magic Cap 获得短暂成功后迅速失败，又如第一代 iPhone 发布后，促使了各个阵营快速形成；由于阵营间的独立性，基于 Android 系统和基于 iOS 系统开发的软件交互性较差，两个阵营之间如何相互学习等。这些有趣的问题都值得未来去深入探讨。

第 4 章　网络断层的可视化

4.1　基于谱聚类的网络断层可视化方法

聚类是根据"物以类聚"的思想将本身没有类别的对象聚集成不同的簇，并对每一个簇进行描述的过程。通过聚类可以将彼此间相似的对象划分成簇，并使同一簇内的对象尽可能相似，不同簇间的对象不具有相似性。目前，大量聚类算法被应用到学者们的研究中，其中包括金融行业、保险行业、电子商务等领域。聚类算法可以根据数据类型、聚类目的和具体应用的不同划分为六大类别，如表 4-1 所示。

表 4-1　典型的聚类分析方法

类别	代表算法
基于划分的聚类方法	K-means 算法
基于层次的聚类方法	CURE 算法
基于网格的聚类方法	STING 算法
基于密度的聚类方法	DBSCAN 算法
基于模型的聚类方法	SOM 算法
基于图的聚类方法	Spectral clustering 算法

谱聚类（Spectral clustering）作为基于图聚类的代表性算法之一被广泛使用。该算法可以有效发现任意形状的簇结构，并且收敛于全局最优解。它的基本思想是基于网络的频谱信息（如邻接矩阵、拉普拉斯矩阵和特征向量矩阵）降低数据维度，并用 K-means 方法将网络节点划分为不同的簇，达到网络社团划

分的目的（Luxburg，2007）。由于专利合作数据中包含内部合作信息及不同属性维度的相似性，谱聚类方法可以在已构建相似度邻接矩阵的基础上挖掘网络的内在簇团，实现网络断层可视化的目的。

4.1.1　网络断层矩阵的相似度计算

本小节从专利数据中抽取两种不同类型网络断层（关系型和属性型）所需的数据，通过计算合作申请专利的持续年份构建关系型断层矩阵的相似度；通过提取专利申请地址计算属性型断层地理属性的相似度，查阅网络资料成员间彼此是否属于子母公司或具有相同投资背景计算身份属性的相似度，而知识属性的相似程度则利用创新主体在时间窗内不同技术类别下的专利申请量的余弦相似度衡量。通过对相似度矩阵的谱聚类分析，可以有效发现不同类型网络断层与物流产学研合作创新网络子群结构的关联。

（1）关系型断层相似度矩阵

本书借鉴 Heidl 等（2014）和 Gibson 等（2003）的方法，以整体网络中二元关系强度构建关系矩阵来表示网络中可能存在的关系型断层。以年为单位，使用 3 年时间窗关系持续的时间来测度该时间窗的关系强度。根据 3 年时间窗，成员对 k 在时间窗的关系强度为对应年份（$t-2$ 到 t）关系持续的时间之和。具体计算步骤为：

第一，对关系强度进行赋值，并根据关系持续的时间确定成员对间的关系强度：若成员对在相应时间窗内只有某一年存在合作关系，就将关系强度记为 1，以此类推，在时间窗内有两年成员对都加入合作，就将其关系强度记为 2，在时间窗内每年都存在合作关系，就将关系强度记为 3。如果创新主体间并未有过合作历史，那么两者的关系强度就为 0。

第二，利用组织间关系强度数据构建矩阵（矩阵中关系强度的范围为 0 ~ 3），利用成员间合作关系矩阵数据进行关系型断层的可视化分析。

（2）属性型断层相似度矩阵

对于组织间属性的刻画，从地理、身份和知识三个维度进行衡量。

地理属性基于专利数据中的国省代码，并结合二分类变量（虚拟变量 0 和 1）进行刻画。若组织成员对所在的省份属于同一省份，取值为 1，成员对属于不同省份取值为 0。

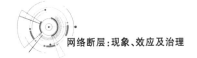

身份属性需结合专利数据与网络资料查阅进行衡量。对于数据专利权人列的组织，在网络上人工查阅并比较组织名称，将组织名称相似及能明显看出子母公司关系的组织进行归纳。在此基础上查询各组织的投资背景，总结具有相同投资背景或共同投资方的组织。若组织对涉及子母公司关系或投资背景相同，认为其具有相同的身份取值为1，否则为0。

参考Jaffe（1986）关于技术距离的衡量方法，利用成员对在不同技术领域专利申请数的余弦相似度代表知识属性的相似度。创新主体间知识的差异不仅体现在技术层面，而且不同技术领域的专利申请量较为直观地反映了知识的转化能力。同时，专利分类代表技术的方式对测量组织间知识差异性非常适用。因此，知识相似度可参考技术距离的方法来衡量，公式如下：

$$知识相似度 = \frac{C_i C_j'}{\sqrt{(C_i C_i')(C_j C_j')}} 。 \tag{4-1}$$

其中，向量 $C_i = (C_i^1, \cdots, C_i^S)$ 表示组织 i 在不同技术领域的专利数，同理，向量 $C_j = (C_j^1, \cdots, C_j^S)$ 中，C_j^S 表示组织 j 在技术领域 S 下的专利数。知识属性相似度为连续型变量，取值在 $0 \sim 1$，这个余弦度量的值越高，利用创新产出衡量的组织对间知识相似性就越高。知识相似度的计算过程为：将所下载的物流产业专利数据进行合并汇总，并按照国际专利分类号列（IPC）中前3位分类号即 IPC3 代表组织创新产出的技术类别，分析网络中各创新组织在第 $t-2$ 到 t 年在其涉及的技术类别下的专利数量。在此基础上，构建 C_i 和 C_j 向量，并代入公式计算。

综上，对创新主体间地理、身份和知识等组织属性进行聚合，将三种不同属性重叠度求和来表示成员对间属性的相似程度并构建属性矩阵。成员对在身份、地理和知识三个属性的取值分别为0或1，0或1及0到1，因此，成员对属性聚合的范围为0到3。

4.1.2 谱聚类过程

谱聚类算法基本步骤如下：

输入：网络的邻接矩阵 $W = \begin{bmatrix} W_{11} & \cdots & W_{1n} \\ \vdots & \ddots & \vdots \\ W_{n1} & \cdots & W_{nn} \end{bmatrix}$，以及预设的分类个数 k。

①计算网络的度矩阵 D，D 为一个对角矩阵，对角线元素 $D_{i,j}$ 为节点 i 的边权重之和；②计算拉普拉斯矩阵 $L=D-W$；③计算拉普拉斯矩阵 L 的前 k 个最小特征值所对应的 n 维特征向量 v_1，v_2，$\cdots$，v_k；④将 k 个 n 维特征向量排列成 $n \times k$ 维的矩阵 Q；⑤对 Q 矩阵进行 K-means 聚类，得到聚类结果。

输出：聚类结果 C_1，C_2，$\cdots$，C_k 及每个样本点在 k 个类中的分布。

通过计算节点间的相似程度，由此构造关系型和属性型断层的相似度矩阵。在相似度矩阵（对称矩阵）的基础上，由每行非对角线矩阵元素之和作为该行对角线值得到度矩阵，并对度矩阵与相似度矩阵求差值得到拉普拉斯矩阵。求拉普拉斯矩阵的 k 个特征值，并构造相应个数的特征向量。将特征向量的每行都视为新数据，并采用 K-means 聚类进行数据划分。因此，谱聚类能够对传统聚类方法无法分类的数据点进行划分。

相较于传统聚类算法（如 K-means），谱聚类算法在处理高维数据时表现明显更加优异。这是由于谱聚类采用拉普拉斯特征映射将高维数据转换为低维数据，达到了对数据降维的目的。此外，谱聚类可直接应用于图的相似度矩阵，对于稀疏数据的处理很有效，而传统聚类算法难以做到这点。

4.2　网络断层的可视化

4.2.1　数据来源、处理

（1）数据来源

本部分的数据来源于国家重点产业专利信息服务平台，它为国内十大重点产业（钢铁、汽车、船舶、石油化工、纺织、轻工业、有色金属、装备制造、电子信息及物流）的专利检索提供全面而便捷的服务。该数据库包括了专利申请号、专利名称、申请（专利权）人和申请地址、申请日、国际专利分类号（IPC 号）、国省代码、专利发明人、公开公告号等基本专利信息。

该数据库涵盖了发明、实用新型及外观设计三种专利类型，相对于实用新型专利和外观设计专利，发明专利具有更大的技术含量和创新质量，同时也代表着更高的专利转化水平和市场应用机会，比另外两种类型的专利更适宜研究。因此，本部分选择发明专利，检索并下载 1985—2020 年物流产业的相关

数据，共得到 1 029 024 条数据作为原始数据。

（2）数据清洗

为了更加真实地反映我国物流产业专利合作网络的情况，在构建网络之前，需要对原始数据进行以下预处理：

a. 数据筛选。排除申请人为个体或单一企业的专利，筛选出申请人中包含两个及以上组织（企业、高校和科研院所）的联合申请专利。同时，根据申请人地址信息，将国省代码为国外和港澳台地区的专利文摘剔除。

b. 样本选择。由图 4-1 可以看出，早期物流产业发展缓慢、联合专利申请量较少，2001 年以后专利数量呈高速增长态势。因此，本部分将申请日在 2001 年 1 月 1 日到 2018 年 12 月 31 日之间的 37 625 条专利作为研究样本。

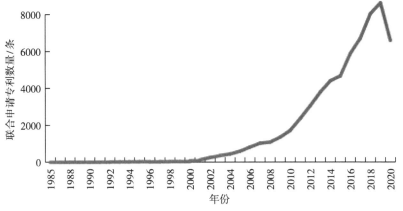

图 4-1　物流产业每年联合申请专利的数量

c. 数据编码。从每个子行业的专利文摘中提取产学研组织名录，汇总并去重。此外，由于部分产学研组织的临时进入或退出会对网络结构分析产生一定影响，本部分仅保留在不同年份至少出现两次的组织（余谦 等，2018），得到 2001—2018 年物流产业参与合作创新的产学研组织名录，共 5329 个。对该名录按首字母排序后，从"1001"开始进行编码，此过程需保证物流产业中的每个组织对应唯一的编码。编码完成后，对专利数据的申请人 / 专利权人字段进行替换，用四位数编码代替原组织名称，并删除未被编码的创新组织。若某条专利只有一个产学研组织被编码，则剔除该专利。

d. 构建时间窗。在纵向数据的处理中，一般选择构建时间窗的方式反映网络的演变情况（赵炎 等，2014）。将 2001—2018 年的数据划分为 6 个 3 年

时间窗以反映物流产学研网络的变化，即 2001—2003 年（对应观测期 1），
2004—2006 年（对应观测期 2）……2016—2018 年（对应观测期 6）。据此，
将物流产业各子行业 6 个时间窗的专利数汇总，如表 4-2 所示。

表 4-2　物流产业不同时间窗各子行业的专利数　　　　单位：条

年份	流通加工	物流运输	库存技术	分拣包装配送系统	装卸搬运	物流信息技术
2001—2003	0	3	2	3	27	158
2004—2006	8	18	40	61	117	450
2007—2009	24	83	64	139	418	802
2010—2012	65	149	115	323	1315	1946
2013—2015	111	341	332	647	2362	4516
2015—2018	159	672	922	1093	4007	6882

e. 划分网络边界。根据上表对物流产业子行业专利数的统计绘制细分子行
业专利数占比的扇形图，如图 4-2 所示。物流产业各子行业专利产出差距大、
发展不均衡，导致不同时间窗子行业网络规模相差悬殊不便分析，亦存在某些
产学研组织只与彼此合作而忽略其他伙伴导致的独立连接，对网络结构分析产
生影响，因此需要进一步提炼数据、重新划分网络边界。

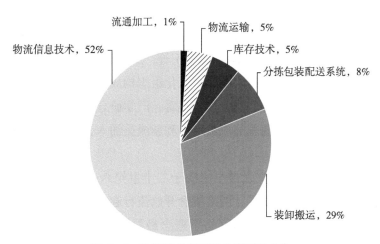

图 4-2　物流产业各子行业专利数占比

利用各子行业不同时间窗的联合申请专利建立 0 ~ 1 矩阵,并采用 Ucinet 软件的"成分"功能(Network - Regions - Components),计算出时间窗内规模大于 4 的所有独立成分,用这些成分代理物流产学研合作创新网络。由于网络的稀疏性,同一时间窗内可能划分出多个成分,即每个时间窗可能提炼出多个物流产学研合作创新网络。

4.2.2　网络的构建、分类、演化趋势

(1)产学研合作创新网络构建

a. 产学研合作创新。随着新科技革命的迅猛发展和知识的不断深化,单一组织进行孤立创新已难以适应快速变革的技术发展和动荡的市场环境。在此情境下,组织寻求其他外部创新主体开展合作创新已成为重要趋势。由多个企业、高校和科研院所共同合作来获取互补的知识与技术、整合内外部资源以提升技术创新能力的产学研合作创新已成为一种普遍模式。当下,全球大部分发达国家都对产学研合作创新十分重视,我国也不例外,国家 80% 以上的重大创新项目都来源于产学研合作创新(方炜 等,2017)。现今,产学研合作创新已成为促进组织技术创新、加快科技成果转化、保持竞争优势的重要手段,同时也是推动新时代科技强国战略、实现创新引领发展的重要部署。

产学研合作表达的是一种跨组织关系,通常以企业为技术需求方,并通过与高校或科研机构等技术提供方的合作发挥出各自优势从而激荡出创新的火花,它注重企业、高校和科研机构间的相互配合(刘嘉楠 等,2018)。产学研合作创新是指企业、大学、科研机构在利益驱动下,运用各自资源相互协作所进行的优势互补的经济和社会活动(陈伟 等,2012)。从参与主体看,产学研合作创新由企业、高校和科研院所等多元化组织构成,源于多个领域的知识和信息吸收、集成与持续融合。从合作过程看,产学研合作创新是一个形成、持续与消散的动态过程,伴随着旧成员退出和新成员涌入,合作创新关系会随时间推移而增进或收缩。

b. 创新网络。网络的概念最早来源于二十世纪六七十年代,后来随着人们认知水平的提升和经济发展,网络概念开始流行起来,并逐渐应用于数学、社会学、经济学等学科。"创新网络"概念最早源于对创新系统的分析,由

Freeman 于 1991 年正式提出，将其视为由企业间联系衍生出许多正式或非正式合作关系的集合体（Freeman，1991）。其表现形式不仅包括企业间联盟等单纯的企业间连接关系，也涵盖了企业与高校、科研机构等其他组织在合作创新过程中形成的联系。

在结构方面，创新网络通常被分为区域创新网络和企业创新网络两个维度。其中，企业创新网络主要以核心企业作为研究出发点，以生产合作关系、研发合作关系、股权结构关系等为主要纽带。区域创新网络则是指"一定区域内的地方行为主体（企业、高校、科研机构、地方政府等组织及其个人）之间，在长期正式或非正式的合作与交流关系的基础上所形成的相对稳定的关系系统"（盖文启 等，1999）。本部分所研究的产学研合作创新网络综合了这两个维度，它是由创新企业和与创新活动紧密联系的网络主体（企业、高校、科研机构等）相互吸引、相互联系形成的虚拟网络。

c. 产学研合作创新网络。产学研合作创新网络的界定分为狭义和广义两个维度（惠青 等，2010）。当参与主体包括企业、高校、科研机构、政府组织、中介机构时，被认为是广义的产学研合作创新网络。由这些主体共同形成各种正式或非正式的合作形式，并进行创新知识的共享与转移，从而实现知识价值增值和创新能力提升。

其实，创新网络中实际的知识供给和转移主要来自产学研三方，政府组织和中介机构并不包括在内，这就是狭义的产学研合作创新网络。它具体是指企业、高校、研究机构等创新主体通过各种知识信息交流整合而成的一种相互合作关系（胡海鹏 等，2018），这是一种跨越组织边界的三方合作创新方式，能够充分发挥企业、高校及研究院所的创新优势。本部分所探讨的产学研合作创新网络主体包括企业、高校及科研机构，属于狭义产学研合作创新网络的范畴。

此外，知识流动和扩散是产学研合作创新网络的本质内涵。因此，并非严格聚集企业、高校、科研机构等三方才构成产学研合作创新体系。企业和高校在科研机构缺失下进行合作，甚至两个企业间的合作交流均包含在所研究的产学研合作体系的范畴内。据此，本部分所界定的产学研合作创新网络主体关系可划分为7种，图4-3对产学研合作创新网络成员间的关系做出了进一步说明。

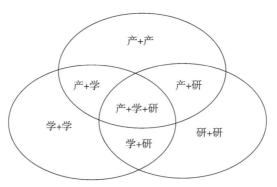

图 4-3 产学研合作创新网络成员关系构成

d. 合作创新网络构建思路。众多学者已对采用专利数据构建合作创新网络付诸实践。部分学者倾向于采用联合发明人构建合作创新网络（陈伟 等，2016；栾春娟 等，2008），然而，发明人网络侧重于发掘组织间的非正式关系，且存在发明人姓名重合问题，这使得发明人单位难以辨别、数据收集难度加大，影响研究结果。相反，联合申请人数据能较为准确地反映组织的资源共享情况与合作关系，采用联合申请人构建创新网络的方式获得了众多学者的青睐（高霞 等，2019；李培哲 等，2018；袁剑锋 等，2017）。因此，本部分利用联合申请人信息构建物流产学研合作创新网络。

图 4-4 反映了专利合作网络的构建过程。若几个申请主体联合申请一项发明专利，则认为这些申请主体间存在创新合作关系。专利 1 有 A、B、D 等 3 个申请主体，即 A、B、D 共同参与申请同一条专利，则认为申请主体 A 和 B、A 和 D、B 和 D 间均存在合作关系。将这种专利合作关系通过 0 ~ 1 矩阵来表示，且不区分联合专利申请主体在专利权人字段中的排序（矩阵对称）。因此，利用专利申请主体及彼此间的专利合作关系构成了合作创新网络，网络中的节点代表创新组织（企业、高校、科研院所），边代表创新组织间联合申请专利的合作关系。

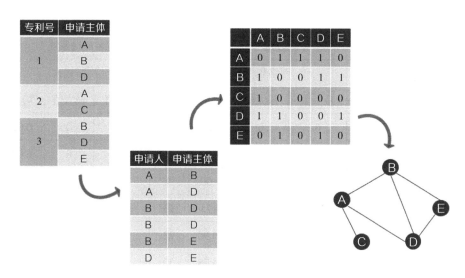

图4-4 产学研合作创新网络生成过程

e.物流产学研合作创新网络筛选。通过数据处理，本部分得到6个时间窗的物流产学研合作创新网络491个，网络规模从4到1280，平均网络规模13.64。各子行业在时间窗内的网络数目和网络规模分布情况如表4-3所示。

表4-3 物流产业各子行业网络数目及规模统计　　单位：个

年份	流通加工				物流运输			
	网络数目	网络规模			网络数目	网络规模		
		最小值	最大值	均值		最小值	最大值	均值
2001—2003	0	0	0	0.00	0	0	0	0.00
2004—2006	0	0	0	0.00	1	5	5	5.00
2007—2009	1	4	4	4.00	4	4	15	6.75
2010—2012	3	4	6	4.67	9	4	13	7.22
2013—2015	8	4	21	6.38	16	4	82	11.69
2015—2018	9	4	25	7.00	28	4	100	10.25

年份	库存技术				分拣包装配送系统			
	网络数目	网络规模			网络数目	网络规模		
		最小值	最大值	均值		最小值	最大值	均值
2001—2003	0	0	0	0.00	0	0	0	0.00
2004—2006	0	0	0	0.00	2	4	8	6.00
2007—2009	1	4	4	4.00	4	4	16	7.75
2010—2012	4	4	7	4.75	13	4	15	6.92
2013—2015	10	4	113	15.90	28	4	85	9.21
2015—2018	18	4	169	14.78	33	4	126	10.76

年份	装卸搬运				物流信息技术			
	网络数目	网络规模			网络数目	网络规模		
		最小值	最大值	均值		最小值	最大值	均值
2001—2003	1	4	4	4.00	3	5	8	6.00
2004—2006	5	4	14	6.20	12	4	15	6.00
2007—2009	12	4	20	6.83	14	4	80	11.36
2010—2012	38	4	70	9.37	28	4	315	11.57
2013—2015	57	4	286	14.63	23	4	829	43.26
2015—2018	77	4	657	15.95	29	4	1280	50.66

由表4-3可知，本部分所界定的物流产学研合作创新网络数量繁多，同一子行业不同时间窗内的网络数目也具有明显差异。同时，上表针对物流产学研网络数目的统计将隶属同一子行业不同时间窗、核心节点相同的网络视为独立网络，造成网络数目冗余，在此情境下分析所有网络的结构特征并无明显意义。实际上，属于同一子行业核心节点相同，仅在不同时间窗网络规模和拓扑结构不同，应被视为网络在不同时期的演化过程。因此，为精确分析不同时期物流产学研合作创新网络的结构特征，研究网络的演变规律，需要对上述网络进行筛选。

　　首先，分别列举各子行业不同时间窗网络成员参与情况（组织编码），利用 Excel 的插件工具定位相同组织编码，得到某产学研组织在不同时间窗参与网络的情况。根据此方法，对所有组织在不同时间窗的网络参与情况进行识别并归纳。若网络在不同时间窗拥有多个相同的产学研组织，就可认为此网络在各时间窗的网络规模及网络成员差异是由网络演化导致。这时，分属不同时间窗的网络被界定为同一网络的不同演化形态。其次，筛选出网络演化过程至少持续 3 个时间窗且规模大于 4 的网络。若某网络在 2001—2018 年仅 1～2 个时间窗的网络规模大于 4，且其余时间窗未出现或规模过小的网络不予保留。经过以上步骤，物流产业的 6 个子行业共保留 24 个拥有完整演化过程的网络。最终各子行业网络核心组织及演化分布情况如表 4-4 所示。

表 4-4　物流产学研合作创新网络分布

序号	核心组织编码	观测期	隶属子行业	网络命名
1	3637、5467	2～6	分拣包装配送系统	分拣 1
2	4505、5662	3～6	分拣包装配送系统	分拣 2
3	2176、2247	4～6	分拣包装配送系统	分拣 3
4	5689、5691	4～6	分拣包装配送系统	分拣 4
5	3637、5467	3～6	库存技术	库存 1
6	2176、2247	4～6	库存技术	库存 2
7	5689、5691	4～6	流通加工	流通 1
8	3637、5467	2～6	物流运输	运输 1
9	2176、2247	4～6	物流运输	运输 2
10	4505、5662	4～6	物流运输	运输 3
11	2746、2747	4～6	物流运输	运输 4
12	5689、5691	3～6	物流运输	运输 5
13	2895、2897	2～6	物流信息技术	信息 1
14	5689、5691	4～6	物流信息技术	信息 2
15	2719、2721	1～5	物流信息技术	信息 3

序号	核心组织编码	观测期	隶属子行业	网络命名
16	1095、1096	2~6	物流信息技术	信息4
17	3787、4787	2~6	物流信息技术	信息5
18	2176、2247	1~6	物流信息技术	信息6
19	3787、4787	2~6	装卸搬运	装卸1
20	3637、5467	2~6	装卸搬运	装卸2
21	5689、5691	1~6	装卸搬运	装卸3
22	4505、5662	3~6	装卸搬运	装卸4
23	2746、2747	3~6	装卸搬运	装卸5
24	2176、2247	4~6	装卸搬运	装卸6

（2）物流产学研合作创新网络类型划分

基于上文对物流产业产学研合作创新网络的筛选结果，本节将从网络内部结构的视角出发，对物流产学研合作创新网络进行类型划分。

一般情况下，真实网络中存在两种结构：一种是网络内部少数节点度中心性值很大而其余节点度中心性相对小的领导型网络；另一种是网络内部节点的度中心性相差不大、不存在明显高中心度节点的自组织型网络（刘传建，2014）。通过对物流产业产学研合作创新网络的内部结构进行分析，发现物流网络也存在类似的区别。以2013—2015年的网络为例，如图4-5a所示，网络成员间联系呈均匀分布态势，不存在明显处于核心位置的节点，各节点在网络中保持相对平等的关系，因此该网络属于自组织型网络。图4-5b中，存在3个中心度显著较高的组织处于网络中心位置（节点较大），其余组织围绕在这些度中心性高的节点周围，依附它们而存在，因此该网络属于领导型网络。这两种类型的网络主要通过网络内成员度中心性的方差来划分。

a. 自组织型网络（2013—2015年运输3网络）   b. 领导型网络（2013—2015年装卸4网络）

图 4-5 自组织型网络和领导型网络

随着研究深入，学者发现仅用度方差指标划分网络类型不够准确，于是引入随机零模型，以随机模拟网络节点度方差作为实际网络节点度方差的基准（付京成，2017），提出更准确的划分网络类型的指标——度方差比（ρ）。因此，本部分使用度方差比作为划分物流产学研合作创新网络类型的指标。

若 G 是一个节点数为 k 的创新网络，节点 i 的中心度用 d_i 表示。因此，该网络内部节点度期望值为：

$$E\ (G\ )=\frac{\sum_{i=1}^{k}d_i}{k}\ 。 \tag{4-2}$$

网络 G 的节点度方差为：

$$Var\ (G\ )=E\ (G^2\ )-E^2\ (G\ )\ 。 \tag{4-3}$$

度方差比的计算公式如下：

$$\rho=\frac{Var_{real}}{Var_{rand}}\ 。 \tag{4-4}$$

其中，Var_{real} 表示实际物流产学研合作创新网络的节点度方差，Var_{rand} 表示与实际网络节点数及平均度均相同的通过随机零模型构建的随机网络的节点度方差。当 $\rho>1$ 时，说明实际网络节点度方差大于随机模拟网络节点度方差，ρ 越大表明网络的领导型特征愈显著。当 $\rho<1$ 时，说明实际网络节点度方差小于随机模拟网络节点度方差，实际网络节点度分布更均匀，网络呈现自组织特性。当 $\rho=1$ 时，无法判定网络属于领导型或自组织型网络。

参考前人的研究成果，随机网络节点度方差与节点平均度相似，同时考虑到利用随机零模型构建网络并计算度方差的计算量较大，本部分用节点平均度（k）代表随机网络节点度方差 Var_{rand}。因此，度方差比的计算公式被简化为：

$$\rho = \frac{Var_{real}}{k}。 \tag{4-5}$$

为更直观地观察物流产学研合作创新网络的类型划分，本部分计算了筛选出的 24 个网络在不同时间窗的度方差比，以确定网络所属类型。以分拣包装配送系统子行业为例，计算该子行业的 4 个网络在不同时间窗的网络规模、节点度方差及度方差比，并依据规模将不同时间窗的网络由大到小排序，结果如图 4-6 所示。从结果来看，分拣包装配送系统子行业的网络在不同时间窗内的大部分网络属于领导型网络，仅小部分网络属于自组织型网络，网络规模处于较低水平。

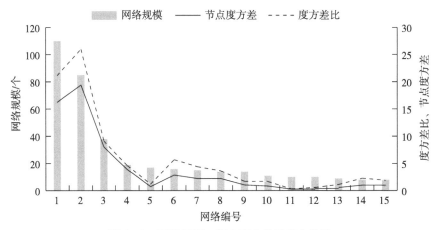

图 4-6　网络规模、节点度方差及度方差比

据此，在表 4-5 中列举了物流产学研合作创新网络在观测期内网络规模和度方差比的平均值。

表 4-5　物流产学研合作创新网络的平均度方差比

网络	平均规模 / 个	平均 ρ	网络	平均规模 / 个	平均 ρ	网络	平均规模 / 个	平均 ρ
分拣 1	19.20	5.21	库存 1	5.75	0.68	运输 2	53.75	9.77
分拣 2	11.25	0.98	库存 2	97.67	19.74	运输 3	21.67	0.77
分拣 3	69.67	16.92	流通 1	6.33	1.52	运输 4	11.00	1.27
分拣 4	11.33	1.48	运输 1	15.80	3.06	运输 5	4.50	0.70

网络	平均规模 / 个	平均 ρ	网络	平均规模 / 个	平均 ρ	网络	平均规模 / 个	平均 ρ
信息 1	6.40	1.28	信息 5	74.80	3.70	装卸 3	13.00	2.82
信息 2	9.67	3.05	信息 6	374.17	30.34	装卸 4	28.50	2.07
信息 3	6.80	1.49	装卸 1	17.4	1.69	装卸 5	82.00	3.60
信息 4	14.60	1.74	装卸 2	31.00	7.40	装卸 6	245.67	45.71

　　该表反映出：4 个网络的平均度方差比小于 1，占 16.67%，同时，当拥有相同核心节点的网络在不同观测期的平均度方差比小于 1 时，网络规模也较小。当网络规模小于一定值（一般为 4 或 5），且网络为星形网络时，采用度方差比 ρ 判断网络类型就不再准确。以运输 5 网络为例，表 4-6 显示出网络在不同时间窗的度方差比均不超过 1，依据 ρ 指标被判定为自组织型网络。从网络实际结构来看，单个核心节点占据网络中心位置，其余节点依附其存在，是典型的领导型网络。造成判定差异的原因可能是：网络属于星形网络且规模处于 4 ~ 5，除中心节点外的节点度均为 1，导致度方差波动很小，影响 ρ 值对网络类型的判定结果。

表 4-6　运输 5 在观测期内的网络规模及度方差比

年份	网络规模 / 个	节点平均度	节点度方差	度方差比 ρ
2007—2009	4	1.5	0.75	0.5
2010—2012	5	1.6	1.44	0.9
2013—2015	5	1.6	1.44	0.9
2016—2018	4	1.5	0.75	0.5

　　上述采用度方差比对网络的划分结果反映出：物流产业中领导型网络占比多且网络规模较大，单个 / 多个高中心度的节点处于网络中心位置，相较于网络边缘位置的其他节点具有控制力和信息优势。相应的，自组织型网络在物流产业中占比小、网络规模处于较低水平。此外，当某网络为星形网络且规模较小时（一般在 4 ~ 5），将其判定为领导型网络。

（3）物流产学研合作创新网络的演化趋势

物流产学研合作创新网络是不断发展变化的动态网络。为进一步筛选出典型的物流产学研合作创新网络，本节绘制表4-4中24个网络的拓扑结构图，分析其演化过程。最后，综合网络类型和网络演化趋势提炼出代表物流产业的产学研合作创新网络。专利信息平台将物流产业细分为6个子行业，数据获取和清洗过程将各子行业分开统计。显而易见，一些重要的产学研组织参与物流产业不同层次的专利合作；不论分拣包装配送系统、物流运输或物流信息技术子行业，少数产学研组织都在其合作创新网络中占据核心位置。因此，表4-4列举的24个物流产学研合作创新网络中一定存在核心节点相同或次核心节点相似的网络。这些网络拥有相似的核心成员，当彼此间网络结构无明显差别时，逐个分析网络结构会导致数据冗余。因此，本部分将隶属子行业中核心成员相同的网络归为一组，如表4-7所示，并对其网络演化图谱进行可视化分析，以求进一步精炼网络数量。

表4-7　核心成员相同的网络分组结果

分组号	网络名称	核心成员
1	分拣1、库存1、运输1、装卸2	3637、5467
2	分拣2、运输3、装卸4	4505、5662
3	分拣3、库存2、运输2、信息6、装卸6	2176、2247
4	分拣4、流通1、信息2、运输5、装卸3	5689、5691
5	信息5、装卸1	3787、4787
6	运输4、装卸5	2746、2747
7	信息1	2895、2897
8	信息3	2719、2721
9	信息4	1095、1096

以"第4组"网络为例，利用Gephi软件绘制以"5689"和"5691"为核心节点、隶属不同子行业的5个合作创新网络在不同时间窗期的可视化图谱（图4-7至图4-11），其中每个节点代表专利申请的产学研组织，连边体现组织间所具有的专利合作关系。

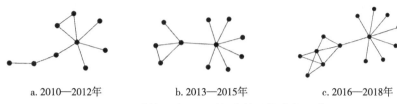

a. 2010—2012年　　　　b. 2013—2015年　　　　c. 2016—2018年

图 4-7　分拣 4 在不同时间窗的网络演化图谱

a. 2010—2012年　　　　b. 2013—2015年　　　　c. 2016—2018年

图 4-8　流通 1 在不同时间窗的网络演化图谱

a. 2010—2012年　　　　b. 2013—2015年　　　　c. 2016—2018年

图 4-9　信息 2 在不同时间窗的网络演化图谱

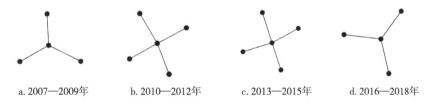

a. 2007—2009年　　b. 2010—2012年　　c. 2013—2015年　　d. 2016—2018年

图 4-10　运输 5 在不同时间窗的网络演化图谱

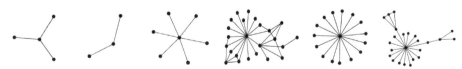

a. 2001—2003年 b. 2004—2006年 c. 2007—2009年　d. 2010—2012年　e. 2013—2015年　f. 2016—2018年

图 4-11　装卸 3 在不同时间窗的网络演化图谱

可以发现，"第4组"产学研合作创新网络基本都为星形网络，其中流通1、运输5和信息2等网络在演化过程中均维持星形网络形态。由于星形网络难以划分凝聚子群，分析其网络结构不符合本部分的研究意义。此外，装卸3的网络演化虽然涵盖6个时间窗，相对于分拣4的演化形态更完整，但在演化过程中有4个时间窗的网络拓扑结构都是星形网络，不具有分析意义，因此，选择分拣4作为物流产学研合作创新网络结构分析的典型网络之一。

依据此思路，本部分对其余几组网络进行类似分析过程，筛选出运输3、分拣4、装卸5、装卸1、运输1和信息6等网络初步代理物流产学研合作创新网络。然后，利用Pajek软件对上述网络的演化图谱进行绘制（图4-12至图4-17）。

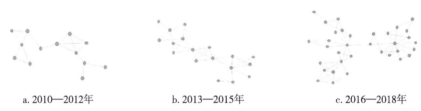

a. 2010—2012年　　　　b. 2013—2015年　　　　c. 2016—2018年

图4-12　运输3在不同时间窗的网络演化图谱

a. 2010—2012年　　　　b. 2013—2015年　　　　c. 2016—2018年

图4-13　分拣4在不同时间窗的网络演化图谱

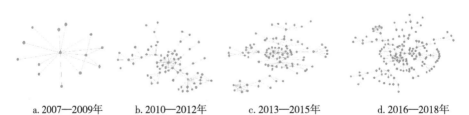

a. 2007—2009年　　b. 2010—2012年　　c. 2013—2015年　　d. 2016—2018年

图4-14　装卸5在不同时间窗的网络演化图谱

a. 2004—2006年　　b. 2007—2009年　　c. 2010—2012年　　d. 2013—2015年　　e. 2016—2018年

图 4-15　装卸 1 在不同时间窗的网络演化图谱

a. 2004—2006年　　b. 2007—2009年　　c. 2010—2012年　　d. 2013—2015年　　e. 2016—2018年

图 4-16　运输 1 在不同时间窗的网络演化图谱

a. 2001—2003年　b. 2004—2006年　c. 2007—2009年　d. 2010—2012年　e. 2013—2015年　f. 2016—2018年

图 4-17　信息 6 在不同时间窗的网络演化图谱

由图可知，运输 3 属于自组织型网络，该网络节点间关系没有明显的不均等性，各产学研组织掌握资源的程度相似并以水平对等的关系联合申请专利。分拣 4 属于双核心领导型网络，随着时间的推移，越来越多的组织开始加入网络，但结构上仍存在两个高中心性的节点占据网络中心位置，这些节点能够更方便地向其他节点学习从而巩固其枢纽地位。装卸 5 网络呈现出明显的单核心变多核心的演化趋势，尤其从 2010—2012 年时间窗开始，该网络中的子群现象比其他网络更加明显。当网络规模增大时，也并未显现出单一节点中心度增强、网络更加集中的趋势，而是向网络子群扩散的形态演变。装卸 1 网络在 2004—2006 年时间窗内属于星形网络，2007—2009 年新节点涌入网络使其演变成两个相互独立的子网络，2010—2012 年两个子网络由跨群节点联系起来并呈现出子网络多极化演化趋势。运输 1 网络演化过程基本维持单核心形态，属于单核心领导型网络；节点"5467"始终保持高中心性，而其余节点的中心度较低，此类网络主要依赖核心节点进行知识交换与信息交流。信息 6 网络演化过程完整、阶段特征明显，尤其是后两个阶段网络规模呈爆发式增长，网络

呈现出子群分隔到子群融合的演化态势，并由单核心演化为以单核心为主次核心节点多点散发的领导型网络形态。

通过以上对网络演化过程及演化图谱的分析，装卸 1 和装卸 5 的网络演化过程相似，均属于领导型网络且演化过程呈现出单核心–多核心的趋势，网络中的子网络演化呈扩散形态。因此，最终确定以下 5 个典型网络来代表物流产学研合作创新网络，网络详细信息及重新命名如表 4–8 所示。

表 4–8　5 个典型的物流产学研合作创新网络

原网络	网络名称	网络类型	演化特征	所属子行业
运输 1	1	领导型	单核心演化	物流运输
运输 3	2	自组织型	子群分隔–子群融合	物流运输
信息 6	3	领导型	单核心为主核心节点多点散发	物流信息技术
分拣 4	4	领导型	双核心演化	分拣包装配送系统
装卸 1	5	领导型	单核心–多核心	装卸搬运

4.2.3　两类断层的可视化结果

（1）关系型断层在物流产学研合作创新网络中的可视化分析

本节主要解析关系型断层在物流产学研合作创新网络中的演化。根据上文所描述的基于谱聚类的网络断层可视化方法，选择网络 2 和网络 5 的结构演化过程进行分析，利用 3 年时间窗内创新主体合作申请专利数据计算组织间关系相似度并构建关系型断层邻接矩阵，引入谱聚类算法对网络进行聚类。

基于以上过程，得到关系型断层的聚类结果（图 4–18 和图 4–19）。在物流合作创新网络聚类分析结果中，使用点的颜色区分节点所属的小团体。网络 2 和网络 5 分别参考其整体网络演化过程，通过谱聚类算法划分的子网络演化及断层的现实表现也主要分 3 个和 4 个阶段。

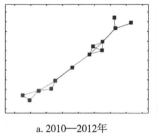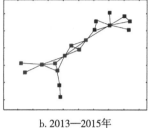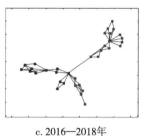

a. 2010—2012年　　　　b. 2013—2015年　　　　c. 2016—2018年

图 4-18　不同时间窗内网络 2 的关系型断层聚类结果

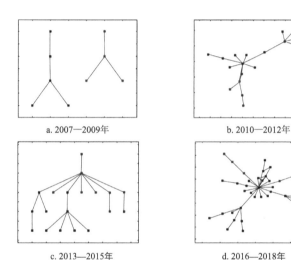

a. 2007—2009年　　　　　　　　b. 2010—2012年

c. 2013—2015年　　　　　　　　d. 2016—2018年

图 4-19　不同时间窗内网络 5 的关系型断层聚类结果

　　关系型断层相似度矩阵产生的前提是成员间具有合作关系，再利用关系持续时间衡量创新主体间的相似度，这与物流产学研合作创新网络所考虑的成员间联系类似，均依据专利的合作申请关系使节点间产生链接。因此，关系型断层的可视化结果与凝聚子群识别阶段的网络社群图结构相同，但二者是使用不同划分算法得到的结果。

　　因此，可视化结果表明（图 4-18 和图 4-19），由创新主体间合作关系分布不均匀引发的网络断层确实在一定程度上影响网络中子群结构的形成，断层会将整体网络无形中划分为多个内部联系紧密，彼此间连接稀疏的凝聚子群。

（2）属性型断层在物流产学研合作创新网络中的可视化分析

与上一小节相对应，本节分析属性型断层在物流产学研合作创新网络中的演化。同理，依然选择网络2和网络5这两个具有代表性特征的网络进行分析。根据身份、地理和知识三种属性聚合特征衡量网络成员在属性上的相似度，在此基础上构建属性型断层相似矩阵并进行谱聚类分析。

与关系型断层聚类结果不同的是，属性型断层可视化结果的基本结构较物流产学研合作创新网络的实际结构更加密集，成员间联结多。这是由于成员间个体属性特征更易寻求相似性，使得聚类图中成员间联系紧密，具有更好的连通性和凝聚性。

可视化结果表明（图4-20和图4-21），属性型断层的聚类结果与凝聚子群的分析结果相似性较低，成员间属性不同引发的断层可能不会直接影响子群结构的形成。网络成员的身份、地理和知识等属性可能属于成员的先验属性，可能在一定情境或其他突发事件的触发下才能起作用，这个触发的过程可以刺激网络成员识别彼此间的相似性与差异性，从而促使网络分化和子网络的形成。

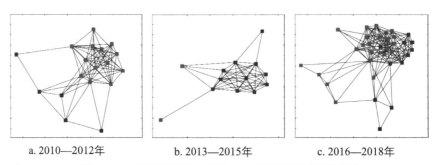

a. 2010—2012年　　　　b. 2013—2015年　　　　c. 2016—2018年

图4-20　不同时间窗内网络2的属性型断层聚类结果

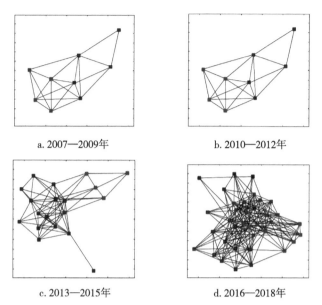

a. 2007—2009年　　　　　　　　　b. 2010—2012年

c. 2013—2015年　　　　　　　　　d. 2016—2018年

图 4-21　不同时间窗内网络 5 的属性型断层聚类结果

网络断层有何影响？

技术创新网络已经成为企业参与合作创新的重要组织形式，但在实践过程中，网络成员之间并不是完全连接的。也就是说，技术创新网络是一个整体概念，网络成员并不需要与所有其他成员都具有合作关系，而是只选择部分特定的伙伴进行合作。因此，技术创新网络实际上是一个比较松散的合作网络，网络成员之间存在着稀疏的合作关系。当研究者以特定的标准（如行业）划分网络边界来研究技术创新网络合作行为时，往往会发现在技术创新网络这种并不稠密的合作网络中，普遍存在着局部紧密联系的子群现象（子网络）。现有研究针对子群的识别做了很多工作，却较少关注"为什么形成子群"的问题。通过引入网络断层概念，本书试图从断层视角解释子群形成的原因，进而分析网络断层通过形成子群对技术创新带来的影响。

第5章　网络断层与凝聚子群

　　随着研究的发展，大量学者从创新网络或联盟网络中研究子群结构或子群特征。凝聚子群（简称子群）的概念最早由 Wasserman 和 Faust（1994）提出，他们认为凝聚子群是行动者之间具有相对较强、直接、紧密、频繁或者积极关系的一个子集合。现有研究主要从伙伴搜寻成本、社会资本、交易成本、关系惯性、依赖性、面对面交互（邻近性）、相似性等理论视角阐述局部凝聚子群形成的原因。这些理论为解释子群结构形成提供了充足的微观基础，但在将网络看作多个二元关系的集合之外，应该更进一步从网络视角理解子群的形成过程。因此，我们引入网络断层概念，从多样性和嵌入性两个视角整合上述理论基础，探讨断层在子群形成过程中的作用。

5.1　凝聚子群的相关研究

5.1.1　凝聚子群的内涵与识别

　　（1）凝聚子群的内涵

　　与断层中的子群概念类似，社会网络和创新网络中也存在派系、圈子、小团体、子网络、模块网络等子群概念（Palla et al., 2007）。Wasserman 和 Faust（1994）认为凝聚子群是指相互之间有着稳定、直接、强烈、频繁或正向联系的行动者子集。派系、圈子等稀疏网络中局部联系紧密的高内聚子群，在概念上没有严格的区别，但根据多种不同的特定网络属性而在形式化上存在差异。随着研究的发展，子群概念已经被许多研究领域广泛使用。在技术创新网络的相关研究中，对子群的分析是理解创新网络结构及个体嵌入性的一个重要工具（万炜 等，2013）。Provan 和 Sebastian（1998）也指出，研究网络派系可以很好地解释网络创新效率。因此，在创新网络结构演化的相关研究中，无论是核心–边缘网络、小世界网络或无标度网络，对网络子群结构的描述都必不可少，小世界网络和网络社群等子群概念更是吸引了许多学者们的关注。小世界网络是指企业间局部紧密交互形成的不同子网或派系，通过类似信息管道的少量跨派系关系连接起来形成的网络（Watts et al.，1998）。这些跨派系的关系桥接不同区域的结构洞，使独特的信息和技术等资源得以在不同派系间流动（Baum et al.，2010）；网络社群则是不同于小世界网络的另一种网络属性。Porter 等（2009）认为社群是一种中观结构，指网络中部分节点相互紧密联系形成的子群，且子群内节点与其他密集子群连接相对稀疏。Sytch 和 Tatarynowicz（2014）则将企业间合作形成的网络社群定义为全局网络中致密的、非重叠的结构子群。网络社群在组织间网络中十分普遍，社群内成员间相互连接较社区外更为紧密（Knoke，2009）。可见，社群是技术创新网络中相对独立的中观子群结构，而小世界特征则通过稀疏的连接使子群间不至于完全隔绝。

在创新网络的研究中，还有一种群体概念与子群类似，即产业集群。相关研究表明，产业集群在多个方面有利于产品创新（Ozer et al.，2015）：一是集群中的企业能够更好地观察其竞争对手，并学习更多关于新产品特性、设计和营销方面的知识。二是企业员工通过参与非正式的信息交流，能够改进产品开发和生产流程，进而提高企业的产品创新能力。产业集群的地理临近性可以促进这种交流，使企业有足够的机会与其他企业进行交互并向其学习。三是从"实践社群"的角度，集群内的企业更容易相互认同，参与共同的产业事件，并开发共同的产品、工具、语言和商业行为规范。因此，集群企业会感受到归属感、相互信任和互惠的感觉，这将进一步促进企业之间的知识共享，从而提高创新能力。尽管产业集群与凝聚子群有诸多相似之处，但这是两个不同的概念。产业集群强调相互联系的企业或机构在物理空间上的集聚，产业集群中的企业往往在同一地理区域进行合作创新活动，而凝聚子群则是由企业间的合作关系连接形成的局部紧密联系的子网络，这些企业可以处于同一地理区域，也可能来自不同区域。简而言之，产业集群强调物理空间上的产业集聚，而凝聚子群强调企业间的社会关系。

（2）子群识别的相关研究

社会网络分析中通常根据数据统计特征研究派系、小世界、社群等子群结构的识别。对子群结构识别的方法非常多，且一般情况下子群的确认规则非常严格，要求子群内所有成员间都相互直接连接，而现实数据中较难发现大的子群结构（Wasserman et al.，1994）。因此，学者们通过定义子群的边界来设定严格或宽松的子群划分标准，将过于严格的确认规则适当放宽以满足现实研究的需要。例如，k−丛法（k−plex）是指由 n 个节点构成的子群中，每一个节点都至少与本子群中的 n ~ k 个节点有直接关系；n−派系法（n−clique）是指每对节点间的测地距离是路径长度 n，即每对节点间距离都不超过 n 个连接。通过改变 n 的值，研究者可以区分具有更强凝聚力的子群（n 更小）或者更弱凝聚力的子群（n 更大）；k 核心法（k−cores），一个行动者与至少 k 个其他行动者存在联系，则这个子群就是一个 k 核心。研究者可以通过改变 k 值重新划定网络边界。在小世界网络识别方面，Watts 和 Strogatz（1998）提出 WS 算法，通过随机化一个 2−规则网络的连接创建基本的小世界网络。在此基础上，Newman 等（2000）加以修改，提出了 NSWS 模型。通过这些方法，研究者可以计算出小世界网络的高聚类系数、相对较短的平均路径长度和可扩展的熵等属性。检测社群结构的传统方法是层次聚类法。Girvan 和 Newman 等（2002）针对非重叠社区提出了另外一种方法，简称 GN 算法，主要是通过评估相同规模和度分布的实际网络和随机网络间的社群结构差异。GN 算法是一种典型的全局社群发现方法，是最稳定的社群识别方法之一，得到了广泛的运用（Sytch et al.，2014）。对于重叠社群，Palla（2005）提出的派系过滤算法（CPM）在社群识别中也被广泛接受和使用。这些子群识别的方法为开展子群研究提供了重要保障。

5.1.2　凝聚子群的作用

创新网络中的凝聚子群研究较少探讨子群的内涵等系统性问题，而是多借鉴社会网络领域的研究方法对网络进行凝聚子群分析（子群识别），探讨子群结构对创新绩效等网络运行结果带来的影响。描述子群结构的变量主要有两类：一是子群数量／规模，反映整体网络中子群的数量及各子群的特征；二是子群重叠性，表明子群间交流的机制，即子群之间的联系程度，折射出子群

之间的界限。Rowley 等（2005）从两个方面阐述了研究子群对企业行为和绩效影响的重要性：一是子群现象非常普遍，许多行业网络都是整体上连接非常稀疏，其中又由多个局部联系紧密的子群组成；二是子群在企业间关系的动态性中扮演了非常重要的角色。子群充当一种治理结构和约束，使嵌入其中的组织成员比处于子群外部的成员更具有合作意愿，促进合作规范的建立及实现集体监督和对不良行为的制裁。现有研究存在三种主要观点，即子群会对创新绩效产生积极影响、倒 U 型影响和差异性影响。

一类研究认为子群可以通过多种机制提高产品创新（Ozertt et al.，2015）。一是子群中的企业有机会能够观察其他企业并学习更多关于新产品特性、设计和营销工作；二是子群能够促进企业间的交互并彼此相互学习；三是子群成员更容易对子群内成员产生社会认同，参与更多的行业活动、开发共享概念、工具、语言和商业行为规范。这产生一种归属感，互信、互利，这将进一步促进知识共享，从而促进他们的创新。Schilling 和 Phelps（2007）认为子群能够增强网络的信息传递能力：一是密集的子群能够确保信息在企业间传递的速度和准确性，通过对比多个信息来源也可以剔除被扭曲或不完整的信息；二是子群有利于集体对解决方案的理解，增强替代方案的传播，提高集体解决问题的能力，促进交流和进一步学习；三是子群提高了企业间共享信息的意愿和能力。该研究以美国的航空航天、汽车制造、化工等11个产业联盟网络为数据来源，研究发现当网络同时具备高聚类系数和高可达性时，企业的创新绩效比不具备这些特征的网络成员更高。Sytch 等（2011）认为子群从三个方面有利于企业创新：一是通过强大的声誉机制和信任构建特征，子群可以节约企业间的合作成本并提高创新效率；二是子群可以提供很好的协调机制，从而促进信息快速和可靠的流动；三是子群内企业之间的冗余连接有利于企业间知识、资源和技能的更好交流，从而为企业提供有效的合作机会，完成特定任务。赵炎和孟庆时（2014）通过对我国半导体、生物制药等11个高科技行业创新网络的研究发现，企业间创新存在明显的结派行为，这种结派行为会使创新网络结构形成局部联系紧密的子网络，并呈现出派系数量多、规模小的结派特征。这些局部联系紧密的高内聚子群数量越多，越有利于提高企业创新能力。万炜等（2013）指出派系式技术合作网络是创新网络规模和结构不断发展、深化的重要途径之一，"派系式"技术合作对新知识、新技术的创造有着显著积极的作用。其格其等（2016）通过对我国信息与通信技术产业的产学研合作专利数据研究发现，较高的聚类系数可以提高知识传递效率，较高的可达性则使企业能够快速获取多样性信息，说明创新网络的小世界性有利于企业创新绩效的提升。

另一类研究认为子群除了会带来积极影响以外，还会带来消极影响。从这个角度看，子群会带来过多普通观点和冗余信息，这不利于企业产生新的创意并打破固有模式，会损害创新绩效。Chen 和 Guan（2010）认为当子群凝聚程度较低时，企业之间不会产生过多普通观点和冗余信息，此时增加子群凝聚程度会带来更多的创意和风险共担机制，但如果子群凝聚程度超过一定的阈值，那么子群的消极影响就会产生作用并降低创新绩效。赵红梅和王宏起（2013）以台湾高技术企业为研究对象，发现凝聚子群有利于社会规范和信念的形成，能够促进企业对网络规则和惯例的遵循，网络成员之间的相互信任也会促使从外部获取的创新思想能够与子群内部创新思想实现充分整合。然而，如果子群之间重叠程度过高，那么企业之间很难在交互过程中获取新的创意和新思想，阻碍企业的创新能力提升。赵炎等（2016）基于我国半导体行业的联盟数据研究发现，派系会促进企业间的相互学习和知识流动，有利于企业创新能力的提升，但派系内部关系数量过多时，企业间过于紧密的关系会导致知识流动局限于派系内部，阻碍整体网络中的知识共享，不利于企业创新能力的提升。

还有一类研究认为子群对不同层面的企业绩效具有差异性影响。Shore 等（2015）认为子群对问题解决（包括探索信息和探索解决方案）的两个方面有相反作用，即网络子群结构鼓励成员探索更多样化的信息，但减少探索新的解决方案。此外，近期的研究开始关注不同子群之间的跨界连接、子群间成员的跨群流动等对企业创新绩效的影响。Sytch 和 Tatarynowicz（2014）以全球计算机行业为数据来源，研究跨社群的成员流动对企业发明绩效的影响，研究发现当企业所处的网络社群具有中等水平的成员流动时，企业获取的发明绩效最高。当企业自身的跨社群运动处于中等水平时，企业获取的发明绩效最高。相对边缘位置的社群成员而言，位于网络社群核心位置的企业可以从动态的成员关系和先前的社群联盟中获利更多。林明等（2014）认为集群内的代工依赖与企业探索式创新绩效负相关，而跨越不同集群的连接关系会从集群外部带来新颖性知识，从而降低代工依赖与企业探索式创新绩效间的负面关系。

5.2 创新网络中的子群演化特征

产学研合作创新网络已经成为企业、高校、科研机构等多个创新主体间参与合作创新的重要组织形式。然而在实践中，合作创新主体间并没有完全建立直接的联系，部分创新主体只与特定的伙伴进行交流与合作，使得产学研合作创新网络表现出松散耦合的特征。研究学者从宏观层面对产学研合作网络的特征进行分析时，研究发现产学研合作网络中关系紧密的创新主体间容易形成凝聚子群，这种子群结构使得整体网络在演化过程中呈现"核－外围－边缘"结构（王珊珊 等，2018）。Powell 等（2005）研究创新网络发现，当组织增加其协作活动并与其他组织建立多样化联系时，就会形成具有多重独立路径特征的凝聚子群。虽然现有研究都关注到产学研合作创新网络子群现象，却较少从中观层面研究产学研合作创新网络子群演化特征。

我们选取具有明显产学研合作行为特征的电子信息产业作为研究对象，通过利用电子信息产业产学研合作创新主体在 2000—2019 年期间联合申请的专利数据构建产学研合作创新网络。鉴于产学研合作创新网络具备局部紧密联系、全局稀疏连接的特征及对多种子群算法的对比，借鉴赵炎等（2016）的做法，使用派系过滤算法识别产学研合作创新网络中的凝聚子群。同时，为了更好地识别产学研合作创新网络中的子群，选用五年移动时间窗所形成的产学研合作创新网络。通过对比不同时间窗内子群结构的变化，研究发现产学研合作创新网络子群的形成和发展是一个动态过程，在子群演化过程中呈现出"子群分隔－子群融合－小世界"特征，如图 5-1 所示。图 5-1 是选取广播电视与家用视听 2000—2004 年时间窗某个网络中节点在后续时间窗中的变化。从图中可知，在 2005—2009 年时间窗中只有节点 1296 和节点 1429 仍在一个子群内，而节点 1076、节点 1101 分别在其他子群内，并且与其他节点建立了新的联系；在 2010—2014 年时间窗中节点 1076、节点 1101 和节点 1429 所在的子群相互融合形成新的子群；在 2015—2019 年时间窗中子群间建立了稀疏的联系，子群规模相比前一个时间窗变大，但节点 1076、节点 1101、节点 1296 和节点 1429 彼此间的联系远远没有最初紧密，各自与所属子群内的成员建立紧密的联系。

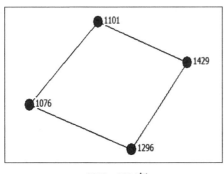

a. 2000—2004年

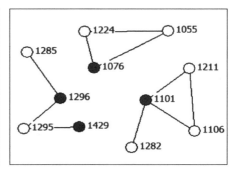

b. 2005—2009年

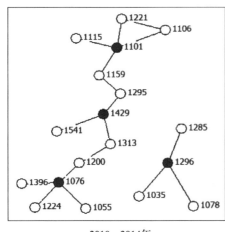

c. 2010—2014年

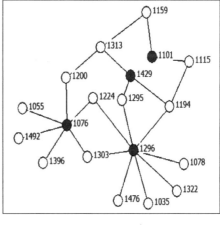

d. 2015—2019年

图 5-1　子群演化示意

结合子群识别相关研究和可视化结果，可发现产学研合作创新网络在子群演化过程中呈现出"子群分隔—子群融合—小世界"特征。

（1）子群分隔

在产学研合作创新网络形成初期，网络中组织数量较少、组织间关系分布较分散，知识资源的稀少阻碍了组织的发展（魏龙 等，2017）。为了更好地获取知识、信息等资源，少量的组织会在本地进行知识搜寻，并选择与自身相似的组织展开深入合作，推动网络的局部聚集，使得产学研合作创新网络分裂成多个独立的子群。值得注意的是，组织在知识搜寻过程中时仍然主要依赖本地的知识流（TRIPPL et al.，2009），但是一些优秀的组织很可能进一步扩张，并与新的合作伙伴建立联系。由于不同的文化和制度背景，新的合作伙伴不会立即获得其他子群的本地知识生态，而是依赖于自身的知识生态。这也就意味着

组织与其他成员建立合作关系，尚未进行更密切的互动，彼此间的知识生态在很大程度上仍然是独立的，使得网络中形成的子群是相互分隔的。

（2）子群融合

为了获取异质性的资源，提高自身的创新绩效，子群内部成员与本地成员建立合作关系，还会与外部成员建立广泛的联系。这一过程中，在前期知识和关系的积累下，网络规模不断扩大，组织数量和关系联结呈现爆发式增长（魏龙 等，2020）。一些创新组织会迅速抢占市场，占据其核心位置，并不断吸引新的组织加入，提高创新组织的社会影响力。随着网络规模扩大，网络中组织和联系的数目增大，整体网络的差异性变得显著。组织在依据相似性选择合作伙伴的同时，还会与有过历史合作经验的伙伴进行频繁互动，避免先前建立及维护合作关系中投入的成本付诸东流，这可能使得某些组织不仅兼备多个子群的属性，还与不同子群内的组织建立联系。在这个过程中，一些组织具有跨组织边界和技术领域的优势，实现跨群成员流动，有助于子群间展开合作，使得子群间存在大量联系。当跨群联系进一步发展并变得强大时，新的组织会融入各自的知识生态。那些被广泛信任且创新能力强的创新主体会借助声誉优势，吸引子群外的组织进行合作，以知识的持续获取实现"强者越强"的马太效应，促进子群间相互融合（刘晓燕 等，2020）。

（3）小世界

随着产学研合作创新网络的发展，网络中会形成多个星状结构的网络子群，这些子群内部联系紧密而彼此间连接稀疏。这是由于组织间在长期互动中建立了相对稳定的联系，子群内部成员和联系的数目已经达到饱和，组织间需要不断重组或寻找新的增长点来维持网络结构的动态均衡，实现资源最大化。从关系聚合来讲，由于网络关系是组织经过长时间的考察、耗费大量的精力和成本才形成的，只要已有的伙伴能够满足自身创新需求，组织就不愿意耗费高昂成本建立新的合作关系。通过强化已有的合作基础，组织会选择创新能力强、联系频繁的核心组织保持合作，淘汰边缘组织，形成一个稳定的子群。从属性聚合来讲，在长期的互动过程中，子群间成员通过合作交流对彼此之间的观点施加影响，子群内外属性高度相似，最终同质化，从而形成一个凝聚性的群体。此外，由于少量的组织在子群演化过程中一直占据中心位置，并在不同子群内一直实现中间人角色的动态转换，依赖桥接关系或黏合关系获取自身所需的资源，从而使得整体网络呈现出局部紧密联系、全局稀疏连接的特点。

5.3　网络断层与子群识别比较

5.3.1　辨析断层与子群的区别

现有研究对子群形成的有关问题讨论不足，更缺乏系统的理论整合，网络断层理论为弥补这一不足提供了新思路。无论是以个体间群体为研究对象的团队层面，还是以企业间群体为研究对象的网络层面，对子群形成的讨论都不够充分。团队层面的研究主要从互惠性、排他性及资源交换理论角度分析派系或子群形成的原因（张佳音 等，2007），相关研究缺乏进一步的理论探索和实证分析。断层理论虽然十分关注子群问题，但王海珍等（2011）认为西方的社会认同理论不足以解释中国人的人际关系，因此，断层理论中描述的个体传记性人口学特征的聚合并不能代替子群的形成。该研究从社会网络视角，采用关系强度作为子群身份的代理变量，认为关系强度高的员工更有可能是派系局内人，而关系强度低的个人更有可能是派系局外人。对派系局内人而言，派系的形成为他们搭建了信息获取平台，并得到其他派系成员的庇护，从而提升了他们的满意度。对派系局外人而言，由于难以获取子群内的私密信息，以及容易受到局内人的不公正评价，子群的形成会降低他们的满意度。在网络层面的研究中，尽管技术创新网络中的子群现象已经引起学者们的重视，但现有研究对子群形成的有关问题关注较少，且多停留在理论分析层面，也缺乏系统的理论整合。有关学者多从社会资本、交易成本、相似性及关系惯性等视角解释子群形成的原因（Duysters et al.，2003）。例如，Gulati 等（2012）从三个方面描述了局部凝聚子群形成的原因：一是节约伙伴搜寻成本。因为大部分关于潜在伙伴的可用性、可靠性和资源配置的市场信息都是不可见的，许多组织往往为了节约搜寻合作伙伴的成本，选择与那些熟悉的，或是与前期伙伴具有直接或间接关系的伙伴进行合作。二是声誉锁定效应。紧密联系的子群能够创造声誉锁定效应，在某些情况下非合作的行为可能付出很大代价。因为声誉信息的大量传播，集体实施社会制裁的可能性也更大。三是技术相似性。当组织为了扩大相似资源规模或追求增量创新时，组织间的技术相似性也是凝聚子群形成的原因。Cowan 和 Jonard（2009）在探讨创新网络中的小世界网络特征时指出，局部凝聚子群的形成可以有社会资本和临界质量两类解释：社会资本通常指关系嵌入性和结构嵌入性，关系嵌入性能够产生关系惯性，但不会引发集群，真正产生集群的是结构嵌入性。通过共享共同的合作伙伴，结构嵌入性能够提供潜在伙伴的可靠性、能力及目标等信息，并能产生声誉效应和降低权力不对称性，利用这些优势可以产生局部凝聚子群；临界质量则依赖于隐性知识和面对面交互的重要性。例如，地理邻近性使企业间能够频繁地交互，以创造共同语言和提出问题解决方案。同时，面对面的交互能够有利于隐性知识的快速传播，鼓励本地创新。Sytch 和 Tatarynowicz（2014）从组织间合作与冲突关系角度研究网络动态性，指出冲突关系是网络整体结构被分隔成多个有凝聚力的合作社群的原因。虽然现有研究从多个方面分析了子群形成的原因，但仍将子群看作是多个二元关系的集合，没有从整体网络层面去理解，也缺乏相关的理论来整合这些不同的视角。

网络断层被认为是引起网络分裂成多个子群的重要原因，尽管目前组织间层面和网络层面的研究还很少，但网络断层概念也为探索子群形成的微观过程提供了新思路。Thatcher 和 Patel（2011）在团队层面的研究中明确指出，断层发挥作用的核心机制是子群形成的可能性，以及子群之间界限的明确性。因此，子群是断层发挥作用的关键点：一方面，由于内部凝聚力加强，使子群成员更倾向于信任本群成员（Thatcher et al., 2011）；另一方面，由于子群内与子群外，或子群之间可能持不同意见，并导致不同子群间的冲突和不信任（Bezrukova et al., 2009）。然而，尽管断层与子群密不可分，但极少有研究深入探析断层与子群间的关系。大部分研究将断层与子群当作并发的概念考虑，并未明确区分断层与子群之间的差异，只是认为子群是断层引起的结果在形式上的反映。只有 Mäs 等（2013）采用仿真的方法，引入子群极化概念详细探讨了断层与子群间的联系。他们认为断层在短期内确实导致了群体的分裂，不同子群之间的反对意见也会加剧子群之间的隔离，但这种分裂的情况只有在成员间的属性聚合和一致性较强时才会发生；如果从长期看，子群之间会形成一定程度的跨群连接，这会减少子群间的差异性，整合子群之间的意见，克服子群极化。也就是说，断层对子群的影响是一个从分到合的动态过程。在组织间层面的研究中，还没有相关研究详细探讨网络断层与子群间的联系，只是默认断层产生作用的核心是引起网络的分裂问题。例如，Heidl 等（2014）认为网络断层会使多边联盟分裂为多个派系甚至消散，但该研究并没有检验断层与派系间的关系，而是直接探讨了断层对多边联盟稳定性的影响。Zhang 等（2017）的研究也仅将网络断层看作为引起网络分裂的一种风险。因此，从以上的分析可以看出，技术创新网络中对子群形成的问题研究不足，而网络断层理论中也缺乏对断层与子群间关系的检验。

5.3.2　网络断层与凝聚子群的关系解析

基于此，我们将网络断层概念引入到创新网络，结合创新网络子群演化特征，从不同形态特征探索网络断层对创新网络子群结构的内在作用机制。同时，本书认为网络断层是一个"先验"的概念，是始终存在于合作创新网络中的"固有属性"，将网络断层定义为"合作创新网络中创新主体间在交互过程中引起经验共享的程度差异，从而导致整体网络内部分化倾向"。由于组织间属性异质性、关系多元化等方面都会引起网络断层的产生，本书从网络多样性和网络嵌入性出发，将网络断层划分为属性型断层和关系型断层两个维度。在网络断层的作用下，合作创新网络被划分为若干个子群，从外部来看，子群之间是否存在联系，相互关联抑或相互独立是显著的特征之一，可通过子群极化进行描述。就内部而言，子群凝聚程度是划分结构的另一显著特征。因此，可将子群结构划分为子群凝聚性和子群极化两个维度，具体从创新网络子群演化的特征（子群分隔—子群融合—小世界）分别探索网络断层对创新网络子群结构的作用机制。

（1）网络断层对子群凝聚性的影响

a. 属性型断层对子群凝聚性的影响。在产学研合作创新网络中，网络节点由企业、大学和科研机构等多个不同类型的组织构成，这意味着合作组织类型不同会使得整个创新网络存在巨大的结构异质性（Mitsuhashi et al.，2016）。这种异质性会引发网络成员认知的多样性，成员会根据一定的类别或属性对潜在合作伙伴进行评估与选择，从而产生内群体与外群体之分（Ozer et al.，2015）。其中，内群体表示自我与合作伙伴类别或属性高度相似，彼此间联系紧密形成小团体；外群体则表示自我与合作伙伴类别或属性相似度低，彼此间联系稀疏或不联系。基于社会认同理论，网络成员自我分类意识增强，成员倾向于选择与自己相似的成员进行合作，产生信任机制进而形成凝聚性的子群。

研究表明，身份、地理和知识的相似性会促进组织间合作的形成，进而对产学研合作创新网络子群结构产生重要影响（成泷 等，2017）。从身份相似性来看，身份相似的组织通常具有相似的价值观，有利于增强组织间的信任，促进组织间关系合作的达成。同时，身份相似的组织由于遵守共同的行为准则和规范，容易形成具有高凝聚力的战略群体（Sonenshein et al.，2017）。例如，Google、T-Mobile 和 Motorola 等身份相似的高科技企业为了提高其市场竞争力，联合开发了第一个真正开放和全面的移动设备平台，使得电信设备行业分为了不同的阵营，从而改变了电信设备行业的竞争格局。从地理邻近来看，地理邻近性有利于组织间相互互动，降低交易成本和合作伙伴间信息的不对称和不确定风险，增加彼此合作概率，从而推动本地合作创新（Chen et al.，2018）。例如，美国硅谷的发展离不开本地产学研合作创新。从知识相似性来看，知识相似性的组织间能够提高知识的转移水平，降低知识搜寻与评估成本，从而促进R&D 合作的形成（Cheng et al.，2021）。当网络成员在多个属性高度聚合时，会产生强大的凝聚力，使得产学研合作创新网络分裂成多个子群。

在产学研合作创新网络子群演化过程中，属性型断层对子群凝聚性影响存在差异。当属性型断层强度较低时，网络成员会依据显著的属性和特征与其他成员进行自我分类，形成不同的子群。由于这些成员拥有共同的属性，他们可能在生活中拥有相似的经历，具有相似的知识，使其在合作中更能够相互认同并建立强关系，从而形成一个高内聚的子群。然而，子群在形成的过程中，子群内部成员在本地寻找合作伙伴的同时，还会与非本地的成员建立合作伙伴，使得成员间的异质性增加，子群凝聚性降低（Greve et al.，2013）。当属性型断层强度达到一定程度时，网络中成员在寻找潜在的合作伙伴时，才会更容易与相似的成员形成伙伴关系并建立频繁的联系，从而增强子群凝聚性。同时，随着网络中成员频繁跨界寻找合作伙伴并建立联系，一些成员会具备不同子群内部的属性，在不同子群间相互交流过程中会对彼此的观点施加影响，从而降低成员间的异质性（Mäs et al.，2013）。当属性型断层不断增强时，网络成员间相似性程度越高，子群凝聚性越强。基于以上分析，提出如下假设：

H1a：当产学研合作创新网络呈现子群分隔特征时，属性型断层与子群凝聚性呈正 U 型关系。

H1b：当产学研合作创新网络呈现子群融合特征时，属性型断层正向影响子群凝聚性。

b. 关系型断层对子群凝聚性的影响。产学研合作创新网络子群结构也会受到关系型断层的影响。与属性型断层通过多个属性聚合产生子群问题不同，关系型断层通过组织间直接的合作关系聚合产生子群问题。研究发现，建立在过去互动基础上的牢固关系也可以在组织间形成（Liu et al.，2015）。当组织与其他组织反复互动时，组织间的关系越来越紧密，组织间的信任也在发展。在多重关系的过程中，互惠的期望会得到发展，降低不公平的发生，进一步加强组织间的发展联系。随着时间的推移，组织间有着共同的合作历史和已有的规范，基于历史合作经验所形成的规范和惯例，强关系的伙伴间保持牢固而频繁的联系，容易形成凝聚性的子群。

当产学研合作创新网络呈现子群分隔特征时，网络中组织依赖于过去的合作经验，优先考虑与历史合作过的伙伴建立联系，使得创新组织的伙伴选择建立在直接或间接的合作经验上。当关系型断层强度较低时，组织间要么都不熟悉，要么非常熟悉。当组织间都不熟悉时，由于跨界选择伙伴成本高且风险大，组织会倾向于在本地发展伙伴关系并形成紧密的小团体。当组织间非常熟悉时，由于受到同质化认知束缚，子群内成员会依赖固有的关系模式，使得成员搜寻新伙伴的意愿比较低，倾向于选择与历史合作伙伴建立更深入的联系，从而增强子群凝聚性（Carlo et al.，2018）。然而，在子群发展过程中，为了获取丰富的异质性资源，子群内部成员会开始与外界建立合作关系，成员间关系也变得松散，子群内部的凝聚性降低。随着子群内部成员频繁与外界合作，强关系型断层能够加强群体认同，提高群体内成员间的信任机制和互动频率，进而提高子群凝聚性。尤其某些组织在频繁跨界建立伙伴关系的同时还促进不同子群间相互联系，紧密的联系为知识、信息的流动建立了桥梁，成员可以快速而准确地获得有用信息，降低搜寻成本，进一步促进成员间的合作（于飞 等，2021）。基于以上分析，提出如下假设：

H2a：当产学研合作创新网络呈现子群分隔特征时，关系型断层与子群凝聚性呈正 U 型关系。

H2b：当产学研合作创新网络呈现子群融合特征时，关系型断层正向影响子群凝聚性。

（2）网络断层对子群极化的影响

a.属性型断层对子群极化的影响。网络断层的存在会增强产学研合作创新网络的局部凝聚力，使得网络中拥有相似属性的成员会抱团形成具有凝聚力的子群，从而引起"群体内"与"群体外"的队列归属问题。研究发现，当身份、地理和知识三种属性高度聚合产生的断层会加剧网络中子群极化的程度（成泷 等，2017）。相似的身份会促进组织间相互认同，降低彼此的认知距离。由于认知的局限和偏见，相似身份的组织通常不愿意与子群外的组织共享信息，使得子群间知识流动的效率降低（Meister et al.，2020）。地理邻近的组织一般拥有相似的知识，在交互过程中会增强知识吸收能力，促进知识共享，形成稳定的合作关系。相反，地理距离较远且知识异质性很强的组织间由于合作成本的提高和知识吸收能力的降低往往很难形成合作关系（Liu et al.，2019）。

由此可见，在多样性较强的产学研合作创新网络中，拥有相似地理和知识的组织容易形成凝聚力较强的子群，而拥有更多相似属性的组织更容易形成高内聚的子群，产生更强的属性型断层。不同子群间成员在频繁互动的过程中会依据自身的属性特征在其他子群内寻找较为相似的合作伙伴并建立紧密的联系，这种相似性伙伴选择引起较强的网络断层，会加剧子群内、外成间的斗争，阻碍子群间成员的交流，导致子群内与子群外的派系界限越来越清晰。随着属性型断层强度的增强，子群内部成员间经验共享程度越高，子群内部合作越稳定。不同子群间由于合作不确定性的放大，子群间经验共享程度降低，子群间联系变得越来越稀疏，从而加强网络中子群极化程度。基于以上分析，提出如下假设：

H3a：当产学研合作创新网络呈现子群融合特征时，属性型断层正向影响子群极化。

b. 关系型断层对子群极化的影响。与属性型断层类似，关系型断层也会引起子群极化现象。基于历史合作经验和沟通模式，组织间容易建立信任机制和优先连接，形成互惠和稳定的关系（Beckman et al.，2014）。强关系会促进组织间频繁合作，增强组织间凝聚性，提高组织间共享经验程度，使得组织抱团形成凝聚性的子群。弱关系的组织间由于共享经验程度低，则排除在凝聚子群之外，这将引起产学研合作创新网络断层的产生，进而导致网络的分裂。

研究发现，关系型断层对子群极化的影响主要基于组织间经验共享程度的差异（党兴华 等，2016）。当组织间都不熟悉时，由于缺乏信任，子群间成员知识交流并不深入，成员间经验共享程度低，网络中的成员倾向于本地成员建立伙伴关系。当组织间相互熟悉，彼此间关系强度很高时，网络中成员会凝聚成整体，而不会分裂成多个子群。换句话说，网络成员间关系分布不均匀才会引起整体网络分裂。在子群融合过程中，不同子群间成员开始频繁的交流与合作，并形成了相应的网络惯例和交易规范。随着关系型断层增强，成员间经验共享程度差异变大，由于跨界寻求潜在合作伙伴的高成本和不确定性，不同子群间的成员在合作过程中更倾向于与关系密切的成员保持合作，而减少或者退出关系稀疏的合作（Zhang et al.，2017）。这种联结机制加剧了成员间的派系聚集，使得网络中子群林立程度越来越明显。基于以上分析，提出如下假设：

H3b：当产学研合作创新网络呈现子群融合特征时，关系型断层正向影响子群极化。

5.4 网络断层与凝聚子群的关系实证

5.4.1 样本选取

电子信息产业是科技高速发展的产物，是推动经济发展的主要来源。因其具有高技术含量、少污染、高附加值、可持续发展等特点，目前已成为世界经济中发展最迅速、规模最大的产业，是许多国家尤其是发达国家的战略产业和支柱产业之一（汤志伟 等，2021）。美国、德国、日本等发达国家曾多次颁布相关政策推动本国电子信息产业的发展，并积极制定相应的产业发展规划，以期占据全球电子信息产业链的主导地位，从而提高自身在全球经济体系中的综合竞争力。

近年来，在国家信息安全和网络强国战略的政策支持下，我国电子信息产业发展极为迅速，其增速不仅远远超于国民经济的发展，而且在全球电子信息产业中的市场占有率逐步提升，已成为全球电子信息产业最重要的研发、生产和消费高地（张焱 等，2021）。根据工信部数据显示，近 20 年我国电子信息制造业营收由 2000 年的 0.95 万亿元上升到了 2020 年的 12 万亿元。在 GII research 统计中，2020 年我国电子信息产品市场份额约为 27%，保持全球第一的稳固地位。

随着物联网、大数据、云计算和人工智能等新一代信息技术的发展，电子信息产业作为知识和技术密集型的高新技术产业，对知识和技术创新的活跃程度远远超过其他产业。为了进一步促进我国电子信息产业创新绩效，企业、高等院校和科研院所等组织机构频繁合作，以获取创新所需的各种要素。由

于产学研合作创新有利于提高资源整合效率,实现创新驱动发展,因此,本部分选取我国电子信息产业为样本,并以我国电子信息产业中产学研合作为研究对象。

5.4.2 数据来源与处理

本部分的数据来源于国家重点产业专利信息服务平台,该平台权威性高、专利数据量大,并且将不同的重点产业专利进行了详细的划分,有利于快速和全面检索所需产业的专利数据。专利作为组织间合作创新成果的主要载体,其文本中有着大量的结构化数据字段,如专利号、申请(专利权)人、申请日、IPC 分类号等。其中,专利权人和专利权代码为合作网络的构建提供了数据支撑,IPC 分类号提供了组织所拥有的知识或技术类型(Cassi et al.,2015)。

国家重点产业专利信息服务平台将专利分为发明专利、实用新型专利和外观设计专利 3 种类型,其中,发明专利代表着原创性技术,技术含量是三类专利类型中最高的,能够更好地反映组织的技术创新能力。因此,我们选择检索并下载我国电子信息产业发明专利。鉴于 2000 年之前我国电子信息产业组织间联合申请的专利量较少,本部分最终从国家重点产业专利信息服务平台检索并下载了 2000—2019 年我国电子信息产业组织间合作申请发明专利 195 961条,各年合作申请专利量如图 5-2 所示。

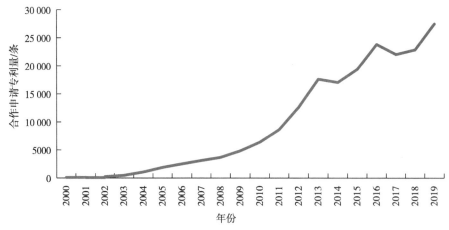

图 5-2　我国电子信息产业 2000—2019 年组织间合作申请专利量

为了获取我国电子信息产业中产学研合作联合申请的发明专利，构建产学研合作创新网络，首先，需要对下载的合作专利数据进行了清洗。具体步骤：① 将申请（专利权）人中以"公司、集团、厂"等关键词结尾的组织统称为企业，以"学校、大学、学院、研究生院"等关键词结尾的组织统称为高校，以"研究院、研究所、研究中心、科学院"等关键词结尾的组织统称为科研院所，剔除申请（专利权）人中不符合条件的组织。② 筛选申请（专利权）人由"企业和高校"或"企业和科研院所"或"高校和科研院所"或"企业、高校和科研院所"所联合申请的专利。③ 鉴于部分组织临时进入或者退出产学研合作创新网络会影响网络的拓扑结构，保留在不同年份中参与三次及三次以上合作的组织，继续筛选专利，并将最终保留的组织进行数据编码。从"1000"号开始对组织编码，确保每一个组织在 2000—2019 年仅对应唯一的四位数编码。通过以上步骤处理，最终获取 2000—2019 年我国电子信息产业中产学研合作发明专利数据 38 741 条。

其次，构建时间窗。现有研究中关于产学研合作创新网络时间窗的选取主要有两种：三年时间窗和五年时间窗。本部分选用五年移动时间窗所形成的产学研合作创新网络，因为三年时间窗较为短暂，难以保证网络中伙伴关系确定的准确性，而五年时间窗有利于给各类创新主体留出足够的时间来形成伙伴关系。相关研究也表明，创新网络中 t 年的拓扑结构会受到先前 5 年内关系的影响（Sytch et al.，2014）。因此，可建立 5 年（$t-5$ 到 $t-1$）移动时间窗，将 2000—2019 年数据划分为 15 个 5 年时间窗，并构建产学研合作创新网络。

最后，确定产学研合作创新网络边界。由于国家重点产业专利信息服务平台将电子信息产业细分为电子计算机与专用设备、电子器件、电子信息材料、电子元件、雷达与通信和广播电视与家用视听 6 个子行业，每个子行业部分观测期下的产学研合作创新网络整体比较松散，过多独立的小模块会干扰子群的识别，因此，需要对产学研合作创新网络的边界进行进一步划分。通过利用 Ucinet 6.0 软件中的成分分析方法，可找出各个观测期网络规模大于或等于 4 的独立成分，剔除网络规模小于 4 的成分，使用这些成分来代理产学研合作创新网络，并追踪该成分在不同时间窗的形态。由于在每个时间窗内可划分出多个独立成分，这也意味着每个时间窗内可划分出多个产学研合作创新网络，本部分在 6 个子行业时间窗内获得 684 个产学研合作创新网络。此外，结合产学研合作创新网络子群识别算法和子群演化特征，最终对 422 个样本进行分析。我国电子信息产业各子行业网络数量和平均子群数量统计如表 5-1 所示。

表 5-1　我国电子信息产业各子行业的网络数量和平均子群数量　　　单位：个

子行业	网络数量	平均网络规模	平均子群数量
电子计算机与专用设备	112	13	4
电子器件	74	8	3
电子信息材料	51	9	3
电子元件	83	7	2
雷达与通信	62	11	3
广播电视与家用视	40	11	3

5.4.3　变量选取与测度

（1）因变量

a. 子群极化。子群极化（Subgroup Polarization，SP）主要衡量产学研合作创新网络中子群间林立的程度。使用 E-I 指数测度子群极化。计算公式为：

$$E\text{-}I\,index = \frac{EL - IL}{EL + IL}。\qquad (5\text{-}1)$$

其中，EL 表示子群间的关系数；IL 表示子群内部的关系数。该指数的取值范围为 [-1，1]。当 $E\text{-}I$ 指数趋近为 1 时，表明产学研合作创新网络中的关系趋向发生在群体外，意味着该网络中子群林立的程度越小；当 $E\text{-}I$ 指数趋近为 -1 时，表明产学研合作创新网络中的关系趋向发生在群体内部，意味着该网络中子群林立程度大；当 $E\text{-}I$ 指数趋近为 0 时，表明产学研合作创新网络中子群内外关系数量相差不大，子群林立程度不明显。为了直观理解，在使用 Ucinet 测度 $E\text{-}I$ 指数后，将 $E\text{-}I$ 指数反向取值（将测度的 $E\text{-}I$ 指数乘以 -1），该值越大，子群极化程度越高。

b. 子群凝聚性。子群凝聚性（Subgroup Cohesion，SC）主要衡量同一子群内成员之间关系的紧密程度。借鉴李莉等（2020）的相关研究，可使用所有子群密度的平均值来测度子群凝聚性。计算公式为：

$$SC_{kt} = \sum_{i=1}^{n} \left[l_i / \left(m_i \left(m_i - 1 \right) \right) \right] / n。 \tag{5-2}$$

其中，m_i 表示子群 i 的规模；l_i 表示该群体内部的关系数；n 表示子群数量。

（2）自变量

a. 关系型断层。关系型断层（Relational Network Faultlines，RNF）。借鉴 Heidl 等（2014）的相关研究，可使用网络中所有成员对之间关系强度的离散性来测度关系型断层。具体而言，首先，以年为单位，计算各个时间窗内产学研合作创新网络成员对之间在过去 5 年（$t-5$ 到 $t-1$）关系持续的时间，取值范围为 [0，5]。其次，计算每个时间窗内成员对之间关系强度的标准差，以此测量在该时间窗内所有产学研合作创新网络成员对间的历史关系强度的离散性。标准差越大，表明产学研合作创新网络成员对之间关系强度分布是极不均匀的，该网络关系型断层越高。

b. 属性型断层。属性型断层（Attributed Network Faultlines，ANF）。我们以身份、地理和知识三个属性为基础来测度属性型断层强度，即通过计算产学研合作创新网络中所有成员对属性重叠的离散性来测量属性型断层。具体步骤为：

第一步，计算每个时间窗内每个产学研合作创新网络中成员对在每个属性上的重叠情况。在衡量身份重叠性时，如果成员对的身份相同，取值为 1，否则取值为 0。在衡量地理重叠性时，判断成员对所在的省份是否相同，如果相同，取值为 1；如果不相同，则取值为 0。在衡量知识重叠性时，以国际专利分类体系中 IPC 分类代码的前 4 位来定义具体的知识元素（Xu et al.，2019）。同时，参考技术距离的测度方法测度成员对的知识相似度（Knowledge Similarity，KS）。计算公式为：

$$KS = \frac{F_i F_j^!}{\sqrt{\left(F_i F_i^! \right) \left(F_j F_j^! \right)}} 。 \tag{5-3}$$

其中 $F_i = \left(F_i^1, \cdots, F_i^k \right)$，$F_j = \left(F_j^1, \cdots, F_j^k \right)$，$F_i^k$ 和 F_j^k 分别表示组织 i 和组织 j 在专利类别 k 中的专利数量，$i \neq j$，取值范围为 [0，1]。

第二步，计算产学研合作创新网络中所有成员对在三个属性上的重叠情况，即将所有成员对身份、地理和知识三个属性测度的值相加，再计算其标准差，以此测度属性型断层。最终的计算公式为：

$$ANF = Standard\ Deviation \sum_k overlap X_{k,\ ij}。 \tag{5-4}$$

其中，k表示产学研合作创新网络中成员的属性类型或属性数量，i表示网络中第i个组织，j表示网络中第j个组织，且$i \neq j$。$X_{k,\ ij}$表示第k类属性下，成员对ij的取值。若k的属性为身份，则$X_{k,\ ij}$取值为0或1；若k的属性为地理，则$X_{k,\ ij}$取值同样为0或1；若k的属性为知识，则$X_{k,\ ij}$的取值范围为$[0,\ 1]$。将成员对身份、地理和知识三类属性叠加后，其标准差即为该网络的属性型断层。

（3）控制变量

产学研合作创新网络中子群结构（子群凝聚性和子群极化）除了受断层的影响外，还可能受到网络层面和中观子群层面相关因素的影响。因此，我们选取网络规模、平均关系强度、平均路径长度、子群数量、平均子群规模和聚类系数作为控制变量，其测度方法如下：

① 网络规模（Network Size，NS）。网络规模越大，表明所包含的组织数量越多，组织间的交互过程往往会越复杂，从而影响网络中的子群结构。因此，通过计算网络中的组织数量可测度网络规模。

② 平均关系强度（Average Relationship Strength，ARS）。网络中组织间的强关系能够加强彼此的信任并降低机会主义发生的概率，从而提高子群凝聚性。因此，可计算网络中所有成员对之间的联系数量，并除以成员对的数量来测度平均关系强度。

③ 平均路径长度（Average Path Length，APL）。网络中不同组织间的距离越短，其整合知识资源的效率越高并容易建立紧密的联系。计算公式为：

$$APL = \frac{2}{N(N-1)} \sum_{i>j}^{N} \sum_{j=1}^{N} d_{ij}。 \tag{5-5}$$

其中，N为网络规模，d_{ij}是节点i到节点j的最短距离。

④ 子群数量（Subgroup Number，SN）。子群数量越多，表明网络中成员对之间的关系强度分布极不均匀或者成员对之间具有较强的异质性，从而影响子群间成员的交流与合作。因此，可通过使用Ucinet软件中的派系过滤算法来测度网络中子群数量。

⑤ 平均子群规模（Average Subgroup Size，ASS）。子群网络规模越大，子群内部成员之间的联系通常会变得越复杂，有可能会影响子群结构形成。因此，可通过计算多个子群内成员数量的平均值来测度子群规模。

⑥ 聚类系数（Clustering Coefficient，CC）。聚类系数反映了网络中组织间的亲疏关系，聚类系数越大，表明组织间关系越密集，从而影响子群凝聚性（吕一博 等，2020）。计算公式为：

$$CC = \frac{1}{N} \sum_i \frac{2l_i}{k_i(k_i-1)} 。 \tag{5-6}$$

其中，N 为网络规模，k_i 为节点度值，l_i 为节点 i 的 k_i 个邻域节点的联系数。

5.4.4　实证分析

我们借助 Stata15.0 软件对所构建的概念模型中涉及的变量进行描述性统计和相关性统计分析。其中，表 5-2 为整体样本的描述性统计与相关性系数分析结果。从表中可知，部分变量间的相关系数大于 0.700，表明这些变量间存在高度相关性。因此，为了避免变量之间存在多重共线性问题，可计算所有变量的方差膨胀因子（Variance Inflation Factor，VIF），结果表明所有变量的 VIF 值最高值低于推荐的上限值 10，说明变量间不存在多重共线性问题。

表 5-2　描述性统计与相关性系数

变量	1.SP	2.SC	3.ANF	4.RNF	5.NS	6.ARS
1.SP	1					
2.SC	−0.338***	1				
3.ANF	0.237***	−0.343***	1			
4.RNF	0.402***	0.550***	0.384***	1		
5.NS	0.247***	−0.444***	0.217***	0.176***	1	
6.ARS	0.429***	0.504***	0.302***	0.293***	0.537***	1
7.APL	−0.206***	−0.710***	0.339***	0.304***	0.668***	0.461***
8.SN	0.171***	−0.398***	0.199***	0.126***	0.723***	0.496***

续表

变量	1.SP	2.SC	3.ANF	4.RNF	5.NS	6.ARS
9.ASS	0.600***	−0.548***	0.157***	0.444***	0.200***	0.468***
10.CC	0.334***	0.415***	0.337***	0.167**	0.465***	0.629***
11.OMANS	0.090*	0.004	0.162***	−0.076	0.125***	−0.005
12.PED	0.457***	−0.657***	0.282***	0.347***	0.826***	0.649***
mean	0.482	0.319	0.598	1.099	15.860	1.926
sd	0.224	0.151	0.176	0.215	38.290	0.537

变量	7.APL	8.SN	9.ASS	10.CC	11.OMANS	12.PED
7.APL	1					
8.SN	0.709***	1				
9.ASS	0.121**	0.065	1			
10.CC	0.440***	0.411***	0.419***	1		
11.OMANS	0.113**	0.122**	−0.033	0.033	1	
12.PED	0.630***	0.789***	0.543***	0.573***	0.104**	1
mean	2.057	5.14	2.914	0.114	0.434	1.383
sd	0.571	11.19	1.309	0.227	0.455	1.515

注：$N=422$，* 为 $P<0.1$，** 为 $P<0.05$，*** 为 $P<0.01$，mean 为均值，sd 为标准差。

（1）网络断层对子群凝聚性的影响分析

a. 子群分隔。表5–3主要检验在子群分隔特征下，属性型断层和关系型断层对子群凝聚性的影响。其中，模型1主要检验控制变量对因变量的影响。在模型1的基础上加入自变量–属性型断层的一次项和二次项构建模型3，检验属性型断层对子群凝聚性的正 U 型影响。由模型3可知，属性型断层平方项对子群凝聚性存在显著的正向影响（$\beta=0.075$，$P<0.1$），而属性型断层一次项对子群凝聚性存在显著的负向影响（$\beta=-0.027$，$P<0.01$），H1a 得到验证。同理，在模型1的基础上加入另一个自变量–关系型断层的一次项和二次项构建模型5，检验关系型断层对子群凝聚性的正 U 型影响。由模型5可知，关系型断层平方项对子群凝聚性存在显著的正向影响（$\beta=0.406$，$P<0.05$），而关系型

断层一次项对子群凝聚性存在显著的负向影响（$\beta=-0.041$，$P<0.1$），H2a 得到验证。

　　b. 子群融合。表 5-4 主要检验在子群融合特征下，属性型断层和关系型断层对子群凝聚性的影响。其中，模型 1 主要检验控制变量对因变量的影响。在模型 1 的基础上分别加入自变量－属性型断层和关系型分裂网络构建模型 2 和模型 3，检验两类网络断层对子群凝聚性的影响。由模型 2 的结果可以看出，属性型断层对子群凝聚性具有显著的正向影响（$\beta=0.077$，$P>0.1$），H1b 未得到验证。由模型 3 的结果可以看出，关系型断层对子群凝聚性具有显著的正向影响（$\beta=0.072$，$P<0.05$），H2b 得到验证。

表 5-3　子群分隔－网络断层对子群凝聚性的影响检验结果

变量	模型 1	模型 2	模型 3	模型 4	模型 5
	SC	SC	SC	SC	SC
控制变量					
NS	-0.377^{***}	-0.376^{***}	-0.374^{***}	-0.357^{***}	-0.380^{***}
	（0.020）	（0.020）	（0.020）	（0.022）	（0.021）
ARS	0.896^{***}	0.872^{***}	0.881^{***}	0.859^{***}	1.057^{***}
	（0.156）	（0.155）	（0.158）	（0.157）	（0.185）
SN	0.122^{***}	0.125^{***}	0.124^{***}	0.123^{***}	0.120^{***}
	（0.032）	（0.031）	（0.031）	（0.030）	（0.030）
APL	-0.135	-0.124	-0.125	-0.140	-0.124
	（0.102）	（0.099）	（0.099）	（0.099）	（0.093）
自变量					
ANF		-0.029^{***}	-0.02^{7***}*		
		（0.010）	（0.008）		
ANF^2			0.075^{*}		
			（0.037）		
RNF				-0.060^{***}	-0.041^{*}

续表

变量	模型 1	模型 2	模型 3	模型 4	模型 5
	SC	SC	SC	SC	SC
				（0.018）	（0.022）
RNF^2					0.406**
					（0.150）
_cons	−1.181**	−1.119**	−1.149**	−1.062**	−1.561***
	（0.426）	（0.423）	（0.429）	（0.431）	（0.494）
N	293.000	293.000	293.000	293.000	293.000
F	440.081	414.538	380.508	397.304	636.302
R^2	0.922	0.924	0.925	0.924	0.929
Adjusted R^2	0.921	0.923	0.923	0.923	0.927

注：* 为 $P<0.1$，** 为 $P<0.05$，*** 为 $P<0.01$；括号内为标准误差。

表5-4　子群融合-网络断层对子群凝聚性的影响检验结果

变量	模型 1	模型 2	模型 3
	SC	SC	SC
控制变量			
NS	−0.434	−0.430	−0.411
	（0.487）	（0.488）	（0.475）
ARS	0.165	0.101	0.103
	（0.164）	（0.164）	（0.156）
APL	−0.566***	−0.624***	−0.660***
	（0.124）	（0.126）	（0.130）
SN	0.436	0.445	0.437
	（0.553）	（0.556）	（0.542）
SNS	0.485	0.490	0.474

变量	模型 1	模型 2	模型 3
	SC	SC	SC
	（0.618）	（0.617）	（0.598）
CC	0.050	0.053	0.061
	（0.088）	（0.090）	（0.089）
自变量			
ANF		0.077	
		（0.069）	
RNF			0.072**
			（0.029）
_cons	0.373	0.436	0.434
	（0.496）	（0.492）	（0.494）
N	48.000	48.000	48.000
F	144.227	470.957	368.478
R^2	0.905	0.908	0.913
Adjusted R^2	0.891	0.892	0.898

注：* 为 $P<0.1$，** 为 $P<0.05$，*** 为 $P<0.01$；括号内为标准误差。

（2）网络断层对子群极化的影响分析

表 5-5 主要检验在子群融合特征下，属性型断层和关系型断层对子群极化的影响。其中，模型 1 主要检验控制变量对因变量的影响。在模型 1 的基础上分别加入自变量-属性型断层和关系型断层构建模型 2 和模型 3，检验两类网络断层对子群极化的影响。由模型 2 可知，属性型断层对子群极化存在显著的正向影响（$\beta=1.430$，$P<0.01$），H3a 得到验证。由模型 3 可知，关系型断层对子群极化同样存在显著的正向影响（$\beta=0.577$，$P<0.05$），H3b 得到验证。由此可见，在子群融合特征下，网络断层强度越大，产学研合作创新网络中子群极化现象越明显。

表5-5　子群融合-网络断层对子群极化的检验结果

变量	模型1	模型2	模型3
	SP	SP	SP
控制变量			
NS	−1.324	−1.265	−1.144
	（1.898）	（1.795）	（1.866）
ARS	0.980	−0.220	0.484
	（0.575）	（0.589）	（0.671）
APL	0.807**	−0.272	0.060*
	（0.563）	（0.530）	（0.618）
SN	1.226	1.382	1.236
	（2.167）	（2.110）	（2.193）
SNS	1.711	1.805	1.620
	（2.273）	（2.230）	（2.300）
CC	−0.496	−0.426	−0.405
	（0.502）	（0.453）	（0.512）
自变量			
ANF		1.430***	
		（0.365）	
RNF			0.577**
			（0.215）
_cons	−2.819	−1.654	−2.335
	（2.000）	（1.473）	（1.752）
N	48.000	48.000	48.000
F	5.094	3.936	3.485
R^2	0.185	0.479	0.333
Adjusted R^2	0.066	0.388	0.216

注：* 为 $P<0.1$，** 为 $P<0.05$，*** 为 $P<0.01$；括号内为标准误差。

5.4.5　结果讨论

本部分以我国 2000—2019 年电子信息产业为分析样本，通过对产学研合作创新网络在不同时间窗的形态特征进行分析，归纳出子群演化的三个特征，即子群分隔、子群融合和小世界，并针对不同特征分别探讨了网络断层对产学研合作创新网络子群结构的作用机制。经过论证，结果基本支持我们的假设。

当产学研合作创新网络呈现子群分隔特征时，网络断层与子群凝聚性呈正 U 型关系。具体而言：

① 属性型断层主要强调网络成员间在多种属性上的聚合程度，成员间所有属性的聚合程度越高，越容易聚成一类并形成高内聚的子群。属性型断层与子群凝聚性呈正 U 性关系，一方面表明了产学研合作创新网络是一种异质性网络，在子群形成初期，网络中显著的属性特征有利于成员间辨认而聚成一类，进而增强子群凝聚性。另一方面表明随着网络成员扩增，成员间异质性增加，强属性型断层才会增强子群凝聚性。

② 关系型断层主要强调网络中关系强度的不均匀分布所引起组织间经验共享的差异性。关系型断层与子群凝聚性呈正 U 型关系，一方面表明了在子群形成初期，网络中成员通过直接的社会交互来感知彼此的相似性和差异性，强关系的成员对会出现局部凝聚性。另一方面表明随着网络成员间关系的多元化和复杂化，成员间在直接社会交互的同时还会参与间接的社会交互，由于合作过程中的高风险和高成本，成员间的关系会出现破裂，当关系型断层强度超过一定的临界值时，强关系型断层才会增强子群凝聚性。

当产学研合作创新网络呈现子群融合特征时，网络断层正向影响子群结构。具体而言：

① 属性型断层会正向影响子群极化。当网络中子群间出现大量联系时，一些成员在网络中权利和地位的提升，使其能够与网络中相似的成员聚成一类，进而产生"群体内"和"群体外"的子群问题。当属性型断层强度越高，拥有相似属性的成员更容易抱团合作，降低与子群外部的联系，增强子群极化程度。然而，属性型断层对子群凝聚性的正向影响不显著，这是因为在该特征下成员间属性异质性较强，子群内部的凝聚性增强主要是由成员间历史合作和多重合作所引起的。

②关系型断层正向影响子群凝聚性和子群极化。不同子群间成员进行广泛联系时，在频繁的交流与合作时会促进网络惯例和交易规范的形成。当关系型断层强度越高，强关系的伙伴会局部凝聚成小团体，而使弱关系的伙伴排除在群体外，使得子群内部凝聚性越强，子群间极化程度越高。

第6章 网络断层与技术创新

在技术创新实践中，越来越多的企业通过参与技术创新网络进行合作创新而取得成功。研究发现技术创新网络中存在的断层现象会通过派系、小团体、模块化、社群等中观子群结构对技术创新结果产生重要影响。本章通过研究网络断层通过子群结构对技术创新带来的影响，以期为子群研究提供新的理论视角，并为网络断层理论的进一步扩展奠定基础。

6.1 网络断层与知识共享

知识搜寻作为组织获取多样性知识的有效途径，有助于组织丰富自身的知识基础，对提高自身竞争优势具有重要意义。在快速变化且日益复杂的环境中，单一个体或组织仅依赖自身资源难以保证知识搜寻的效率和效果，由多个组织之间合作共建的创新网络如同一个巨大的知识池，为组织的创新过程提供所需要的资源（Tatarynowicz et al.，2016）。网络成员能够利用这个知识池开发新的解决方案满足共同利益，也可以受益于向合作伙伴学习新知识并应用到自身的创新活动中。这些好处来源于知识可以在技术创新网络中快速流动和共享。然而，技术创新网络面临的知识溢出、机会主义和搭便车行为等风险（吉迎东 等，2014），也说明有效的知识共享仍具有很大挑战性。大部分研究多关注伙伴选择对于知识搜寻及共享的影响，以及伙伴选择为合作方所带来的信任、互惠和成本降低等好处（Baum et al.，2010），却较少考虑伙伴选择为网络带来的负面影响。网络断层概念很好地解释了伙伴选择行为给组织间网络带来

的负面影响。因此，我们认为由网络断层引起的一系列问题会影响技术创新网络中的知识搜寻与知识共享。

6.1.1 相关概念

（1）知识搜寻

知识搜寻是指组织为实现创新而选择的特定搜寻策略。目前，国内外学者从开放式创新理论、交易成本理论和社会资本理论等不同视角研究了知识搜寻内涵，并从多种不同的视角对知识搜寻进行了维度的划分（Laursen et al.，2006）。根据搜寻策略不同，现有研究将知识搜寻划分为知识搜寻深度和知识搜寻宽度两个维度，由于能够较为准确地反映知识搜寻范围和知识搜寻程度的特征，被越来越多的学者采用，这也是目前被学界普遍接受的划分方式（贯君等，2019）。其中，知识搜寻深度指组织重复探访和利用现有知识的频繁程度，强调知识搜寻的聚焦性。知识搜寻宽度指组织搜寻外部知识所涉及的领域和渠道的广泛程度，强调知识搜寻的多样化（芮正云 等，2017）。组织间创新网络的相关研究认为，组织间密切的联系会促使成员对现有的知识不断挖掘与重访，加深知识搜寻深度。同时，组织间稀疏的联系为组织搜寻外部知识提供渠道，有利于组织获取多样化的知识（Wang et al.，2014）。然而有学者认为，组织间关系过于紧密或过于稀疏会限制组织获取新颖性知识的机会，不利于知识搜寻（Kumar et al.，2019）。基于此，我们认为组织间关系强度的不均匀分布会影响知识搜寻深度和知识搜寻宽度，因此，需要厘清组织间关系强度的不均匀分布对知识搜寻深度与知识搜寻宽度的影响机制。

（2）知识共享

创新网络中的知识共享越来越重要，而知识共享的成功与否直接影响着创新的发展。企业知识共享的本质是以打破不同知识拥有者之间的壁垒为基础，实现知识在一定范围内的自由流动和使用，使组织降低知识获取成本，并有利于知识的应用与创新。因而，创新网络中的知识共享会促进开放式创新，使得更多人可以参与到创新过程中，同时还能够提高创新效率和质量。知识共享还能够促进跨学科和跨领域的合作，促进不同领域的知识交流和合作，并且可以降低成本，提高效益。如前所述，断层理论认为相似性能够促进个体间的社会认同，使个体选择与自己相似的成员结盟，进而产生信任并形成有凝聚力的子群，造成"子群内"和"子群外"的队列归属问题（拥有相似属性的成员归为同一队列或子群）。断层的存在增强了群体分裂的可能性，由于大量时间和精力被用来缓解这种裂痕，用来实现集体目标的时间和注意力就会减少（Li et al.，2005），成员间的沟通障碍也会阻止必要的知识交换。相互分享经验的成员与不分享经验的成员会分成不同子群，分享共同经验的成员会形成一个小团体并具有较强的社会凝聚力。这种小团体的形成妨碍了团体内和团体外成员之间的信任及关系建立。例如，基于地理和民族的断层已被证明导致更大的冲突和内部信任的丧失（Polzer et al.，2006）。同样，由于人口属性差异引起的断层也被发现使得管理团队充满冲突、不信任和敌意。因此，强断层被证明对组织绩效具有负面影响（Ndofor et al.，2015）。由于断层引起的冲突和不信任会妨碍知识流从子群内成员流向子群外成员，断层也会阻碍成员间的知识共享。

6.1.2　网络断层与知识搜寻

（1）网络断层对知识搜寻深度的影响

在组织间创新网络中，组织间合作往往依赖于历史合作经验所形成的规范和惯例，强关系的伙伴间保持牢固而频繁的联系，容易形成凝聚性的子群，而弱关系的伙伴则排除在凝聚性的子群外。凝聚性的子群具有紧密强联结和知识聚焦的特点，有利于组织展开深度搜寻。首先，在组织间惯例的作用下，组织可能不愿意花费时间和成本建立新的关系，更倾向于与历史合作伙伴建立更深入的联系，加深对现有领域知识的理解，提高组织在创新过程中对知识的重组和利用的效率（Salvato et al.，2018）。其次，成员间紧密的联系为知识的流动建立了桥梁，促进创新网络中知识的转移，网络中的成员可以快速而准确地搜寻到知识，降低知识搜寻成本（于飞，2021）。最后，随着时间的推移，网络断层越强的创新网络，子群内部的凝聚性会越高，由于存在高度信任的机制，同一子群内的成员更愿意与本地成员进行知识互惠，使得知识聚焦于特定领域，增强成员对知识的吸收能力，进而提高知识搜寻深度（Davies et al.，2018）。

（2）网络断层对知识搜寻宽度的影响

网络断层通过形成高内聚的子群进而促进知识搜寻深度，但是对知识搜寻宽度的影响具有两面性。一方面，当网络断层较低时，网络中关系分布均匀，组织间要么不熟悉，要么非常熟悉，不利于多样化知识的搜寻。具体而言，当组织间都不熟悉时，由于缺乏信任，子群间成员知识交流并不深入，知识共享的意愿较低，阻碍子群内的成员从外部搜寻知识。当组织间非常熟悉时，由于受到同质化知识的认知束缚，子群内的成员过度依赖固有的创新模式，使得子群内部信息冗余，难以搜寻多样化的知识（Smith，2015）。另一方面，随着网络断层增强，网络中关系分布开始变得不均匀，成员间经验共享程度差异变大，容易造成子群内部成员紧密连接而子群间成员稀疏连接。紧密的内部联系与适当的桥接关系相结合可以有效地提高经济价值，有利于网络中成员搜寻多样化的知识。首先，子群内部紧密联系为成员间提供稳定的资源和信息沟通的渠道，降低知识搜寻的风险。其次，子群外部存在的桥接关系为不同的子群建立沟通的渠道，可以为子群内成员带来异质性的知识。特别是占据网络中重要位置的组织，容易借助群体间搭建的桥接关系吸引群外的成员主动引入其创新资源和多样化知识（吕一博 等，2020）。最后，基于子群内强关系和子群间的桥接关系，网络断层会加强子群间互动，网络中成员可以不断地从外部搜寻新的知识元素，扩大现有知识库。

然而，网络断层过高加剧了成员间的派系聚集，引起子群内与子群外的派系之争，阻碍成员间广义的社会交换。首先，成员间的互动局限在群体内部，知识和信息等其他资源难以在子群间自由流动，从而导致子群内成员只能获取局部的知识，而不能从更大的范围中搜寻知识（Zhang et al.，2019）。其次，网络断层的增强会加剧组织间创新网络中子群极化的程度，导致子群间的凝聚力受限，子群内与子群外之间的冲突进一步放大，导致子群内和子群外的成员保护各自的知识，不愿意分享知识。最后，网络断层越高，不同子群间的知识异质性变大，知识在子群间的转移速率降低，增加知识搜寻的难度和出错率，进而降低知识搜寻宽度。

（3）结构洞的调节作用

占据组织间创新网络的结构洞能够加强网络断层与知识搜寻深度之间的关系。首先，结构洞的占据者在其控制优势的作用下，不仅能够从众多的知识流中准确而及时地获取高创新价值的知识，还可以有效地控制合作伙伴间的直接联系，节省维护伙伴间冗余关系所花费的时间与精力，降低知识搜寻成本（李健 等，2018）。其次，结构洞在网络中具有较高的可见性，对网络中资源的整合程度也较高，占据较高结构洞位置的组织更能够获得子群内成员的认同，这种认同感不仅使得组织对现有知识有更多的认同，而且使得组织在创新过程中会更专注于精炼和重组现有知识元素，提高知识吸收的能力，对增加知识搜寻深度具有积极作用。最后，占据高结构洞位置的组织更容易从知识重组中获得更高的利益。也就是说，占据结构洞位置的组织对群体活动有更高的影响，如果群体内的成员已经熟悉这些知识，他们将能够更多地使用通过重组的组织知识来实现创新。因此，网络断层越高，占据结构洞位置的组织可能更容易影响子群内的成员并传播创新性知识，有利于组织对其知识进行深度挖掘和利用。

然而，网络断层所带来的多样性知识对占据较高结构洞位置的组织而言具有两面性。一方面，结构洞负向调节网络断层与知识搜寻宽度之间的关系。这是由于网络断层强度较低时，高结构洞会使得网络多样化的结构特性更明显，网络中的成员会面临信息过载的风险，并容易陷入认知惯性，削弱组织获取新知识的意愿。同时，高结构洞会降低成员间的信任，增加组织间的合作成本和潜在的风险，组织获取外部资源的难度加大（Soda et al.，2018）。另一方面，结构洞能够突破子群间的界限，充当边界跨越者，减缓网络断层与知识搜寻宽度之间的负向关系。具体而言，首先，借助跨组织边界和技术领域的优势，占据结构洞的组织能够与其他子群内的伙伴展开合作，在一定程度上有利于网络子群间桥接关系的形成，从而减轻强网络断层对子群间在结构上的隔离，降低强网络断层对子群间知识流动和知识共享的困难（魏龙 等，2017）。其次，结构洞将子群内外的成员建立合作关系，使不相连的成员间拥有共同的第三方可以监督伙伴行为，遏制机会主义行为，防止破坏性分裂进一步发生。最后，借助结构洞的信息优势，结构洞的占据者在充当"信息桥"的过程中能够获得更大的权力，促使组织与其他伙伴建立合作关系，多样化的知识、信息等资源在网络中得以顺利流通，有利于组织对多样化知识的搜寻。

6.1.3　网络断层与知识共享

组织间的伙伴选择行为表现出一定程度的"相似性选择"倾向。例如，地理邻近的潜在伙伴彼此更熟悉，更容易评估对方的技术资源和前景，而随着地理距离的增加，潜在伙伴间的信息不对称和逆向选择风险将不断加大。同样，当企业间拥有相似的技术或知识时，彼此的吸收能力会更大，企业能够更容易理解对方的想法或机会，相互信任和知识共享会得到增强。除了通过相似性选择以外，组织间的交互关系同样能够使技术创新网络形成子群。Heidl 等（2014）研究发现，企业倾向于与有合作历史的伙伴交往，这在加强企业间二元关系的同时，也为整体网络带来负面影响。因为企业在维护和加强与特定企业的二元关系时，必然会忽略与其他成员间的关系。当网络中有多个二元关系强度分布不均匀时，会导致整体网络分裂为多个派系。通过历史合作建立起来的规范和惯例（Zollo et al.，2002），会使涉及更广泛合作伙伴的、更具包容性的新规范难以建立。孤立于子群或派系内的企业可能会认为当前的合作活动不是有效的和公平的，并感受到子群或派系的不利影响。子群内和子群外的成员间相互猜疑将导致合作伙伴保护各自的知识，不愿意分享知识。

因此，由于异质性企业之间的交流障碍和企业间关系强度的不均匀分布引起的网络断层，将导致技术创新网络受到分裂和子群的影响。网络断层越强，子群间的知识流动将更为受限，子群内和子群外的不信任和不平等会进一步放大。由于缺乏信任和可能的冲突，遵从局部子群的交易规范和凝聚力关系，网络断层会阻碍整体网络的知识共享。虽然整体网络中的知识池可能会继续增长，但孤立于子群内或位于子群外的企业能够接触或利用的新知识将大大受限。

（1）网络位置的调节作用

网络位置是指节点在网络结构中占据的中心位置（Polidoro et al.，2011）。它在一定程度上决定了企业在技术创新网络中获得信息和资源的渠道。处于网络中心位置的企业在获取信息、知识和技术方面具有相对竞争优势。相关研究也已经表明占据网络中心位置对知识共享具有正向作用。因此，虽然网络断层造成网络成员间的不信任和内部冲突，我们认为这种负面作用在网络中心位置的作用下将得到缓解。占据中心位置表明企业拥有大量的网络联系，利用大量的联系和知识流，企业能够享受更多接触新颖性知识的机会，识别并创造更大的多样性知识资源池，有更多的知识重组机会，可以达到知识共享的目的（Ahuja，2000）。由于这种接触新知识和识别有价值知识的优势，其他企业更容易信任中心位置企业并乐于与之建立联系，以克服知识冗余的问题，提高声誉和地位。

在中心位置企业的监督和协调努力下，网络断层带来的企业间冲突也可以得到有效解决。由于拥有大量的网络联系，位于网络中心位置的企业通常成为网络中的领导者，为群体提供必要的治理和纪律来实现整体目标（Provan et al.，2007）。中心位置企业还可以起到知识传播的桥梁作用。网络断层阻碍子群内与子群外知识流动的同时，由于子群内的相似性或关系惯性，将导致子群内的知识交流更加充分，局部子群内凝聚力和创新效率提高。中心企业接触了子群内的大量知识而掌握了丰富的资源池，作为宝贵的信息和知识流"管道"，他们可以让新颖性和异质性知识在子群间流动，从而提升整体网络的知识共享效率和创新能力。总之，中心企业在识别新颖性知识、监督和协调企业间关系及作为知识传播的桥梁等作用下，可以减轻网络断层带来的成员间不信任和内部冲突问题，促进整体网络中的知识共享。

（2）知识权力的调节作用

知识权力是指企业通过共享与配置自身所拥有的关键知识资源，影响和控制网络中其他企业的决策或行为而产生的知识权力（孙永磊 等，2013）。具有权力优势的企业可以行使权力令较弱的企业接受他们的专业知识，而较弱的企业往往迫于对知识的需求保持与较强的企业合作。同时，由于权力的作用，较弱的企业共享知识的意愿得到提升，知识也可能从较弱的企业转移到较强的企业。因此，知识权力对知识共享具有一定的促进作用。

若占据网络中心位置优势的企业同时也具有相对权力优势，那么网络断层对知识共享带来的负面影响将进一步减少。首先，同时拥有位置优势和权力优势的企业能够更容易控制和影响网络其他成员的活动，帮助企业间遵循网络惯例形成的行为规范和模式，有助于在合作创新过程中达成共识（党兴华 等，2012），促进子群内与子群外成员间的信任。其次，除了具备中心位置带来的信息优势以外，拥有相对权力的企业有更强的能力处理企业间关系（Kale et al.，2007），协调子群内与子群外成员间的冲突，有利于知识共享。最后，拥有相对权力的企业将充分利用网络中心位置优势参与更高水平的知识共享，那些相对权力较低的企业将不得不与他们保持知识交流并分享知识，从而使他们在子群内与子群外成员间更有吸引力。总之，既拥有相对权力又占据中心位置的企业将比单纯占据中心位置的企业更有能力促进知识共享。由知识权力带来的影响力和控制力，将全面加强网络中心位置对网络断层与知识共享间关系的调节作用。

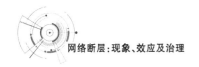

6.2 网络断层与创新结果

6.2.1 相关概念

（1）创新绩效

创新是知识重组的过程。企业创新的两个基本要素是获取新知识和知识整合的效率（Wang et al.，2017）。一方面，外部联系为企业提供了新的、无冗余的知识，这是原创的原材料。另一方面，这些新的知识必须与现有的知识进行整合，要有一定的知识整合效率，这是创新的必然。不同类型的新颖性知识和整合效率之间的平衡方法导致创新在数量和突破性方面表现出不同的特点。除了创新数量，企业创新激进程度对技术变革的影响也是至关重要的。突破性创新给企业带来的技术改进或破坏的价值，与普通创新的价值是完全不同的。技术变革的基础理论还区分了两种新技术。第一个是在其前身技术的基础上改进的，可以巩固现有技术并提高创新效率。第二种类型以创造性的方式脱离过去的技术，通过知识重组来破坏现有技术，以进行新技术。对于不同类型的新技术，Balachandran 和 Hernandez（2018）将创新数量和突破性作为共同关注的维度，证实了企业间网络的重组过程与不同类型的创新结果之间的强相关性。

企业间合作是技术创新网络实现创新目标的重要手段，合作创新绩效则是衡量企业间合作创新水平的重要指标。冯泰文等（2013）将合作创新模式划分为四类：企业内部跨部门合作创新、企业间二元合作创新、三元合作创新和网络化合作创新。企业内部跨部门合作创新主要发生于企业内部，通过不同部门之间的合作，可以有效地传递信息、提高新产品开发速度和创新能力、降低开发成本，从而提高企业绩效。对于二元合作创新和三元合作创新，从不同的研究视角有不同的理解。多数战略联盟相关研究把二元和三元看作是节点数量，从而研究双边联盟和多边联盟中企业间合作对合作创新绩效的影响，如从交易成本、资源依赖等角度研究企业参与 R&D 联盟的动机及对合作创新绩效的影响。网络化合作创新是多个企业或组织为开发新产品或新服务而相互合作组成的新型合作创新模式。由于网络化合作创新在节点数量、种类及节点间关系方面比前三种合作创新模式更加复杂，因此，如何实现网络治理成为网络化合作创新的研究重点。作为网络治理的最终成果体现，如何提升网络化合作创新绩效受到广泛关注。参与合作创新的企业往往具有独特的技能或互补性知识，通过提高企业的创新机会和能力，创新网络有助于合作创新绩效的提升（Dagnino et al.，2015）。如果将子群看作一种重要的网络特征，那么子群对网络化合作创新绩效应该具有重要影响。因此，合作创新绩效作为衡量技术创新网络运行结果的重要变量，研究网络断层通过子群对合作创新绩效的影响具有重要意义。

（2）技术聚集

技术集聚是一个企业自身的技术基础与所有其他企业的技术基础之间的余弦相似性度量（Li et al.，2019）。它不仅衡量了核心企业在不同技术领域的多元化程度，而且还衡量了一家核心企业与所有其他企业之间的技术重叠程度，特别是在某些创新活动激烈的领域。技术集聚是基于技术接近的概念，从二元性层面的技术重叠到个体与整体关系的技术重叠。技术贴近度源于 Jaffe（1986）的开创性研究，该研究将技术贴近度定义为两个集群的技术基础之间的相似程度，关注同一维度上两个集群的技术基础的重叠度。例如，企业与企业、组织和组织、地区和地区、国家和国家等。此后，许多实证和理论研究将技术接近和创新成果结合起来，探索它们之间的关系。学者在二元国家层面扩展了技术接近的概念，并证明了适度的技术接近会产生更多的组合创新。Martínez Ardia 等（2020）认为，过大的技术邻近度导致知识互补性很小，难以激励合作伙伴之间的创新，而过小的技术邻近度阻碍了知识吸收，并得出结论，技术邻近度对企业创新成果具有倒 U 型效应。虽然涉及技术接近对创新结果影响的研究已经相当多，但大多数学者只考虑了二元接近的视角，并没有涉及个体与整体之间的接近。我们引入了技术集聚的概念，以探讨其对创新成果的影响。

6.2.2 网络断层－子群结构－创新绩效

（1）属性型断层与创新绩效

企业间的伙伴选择行为也表现出一定程度的"相似性选择"倾向。这些节点层面的相似性、邻近性和共同身份等微观动态性，可能导致社会关系在小群体内集聚，形成派系（Ahuja et al.，2012）。相似性有利于企业间的经验共享，当身份、地理和知识三种属性高度聚合时，企业之间在一个或多个属性上的相似性选择会产生特别强大的凝聚力。类似于断层带来的子群效应，这种局部成员间的凝聚力也会使技术创新网络分裂成多个子群，而相对异质性的企业则被排除在凝聚子群之外。企业间相似的属性越多，这种凝聚力也越强。简而言之，两个属性均相似的企业间关系比仅有一个属性相似的企业间关系更容易形成，两个属性聚合将比单一属性相似产生更强的网络断层。例如，当地理距离较近的企业间拥有相似的知识时，由于搜寻成本降低，知识溢出特别是隐性知识溢出更倾向于本地化。同时，知识相似性也增强了彼此的吸收能力，在同一区域并具有相似知识的企业间交互中，相互信任和知识共享会得到增强，合作关系会更加稳定。相反，随着企业间地理距离的增加，知识差异性可以阻碍相互理解，地理距离较远且知识差异性很强的企业间关系难以形成。在多样性的技术创新网络中，由于技术语言和解决问题的方法不同，地理和知识相对同质的企业间容易形成内聚力较强的子群。如果地理和知识属性的聚合再与组织身份重叠，这种凝聚力会进一步加强。因为相似的组织身份往往具有相似的文化、组织结构、组织社会关系及环境等，进而促进企业间的认知邻近，使认识世界和理解世界的方式容易达成一致（李琳 等，2015）。同时，相似的身份能促使成员更容易相互辨识以确定各自的子群归属。具有相似身份的企业可能不太愿意与子群外企业共享关键信息，它们可能与距离较远且知识差异较大的企业区别开来。当三个属性在部分企业间的聚合程度很高时，合作伙伴的相似性选择（相似伙伴的经验共享程度更高）会导致很强的网络断层，并使技术创新网络划分成两个甚至多个相互信任并有凝聚力的子群。这些子群内部同质，彼此异质，本群成员更倾向于信任同一群内成员。

属性型断层引起的"群体内"与"群体外"的队列归属问题，会导致子群内与子群外的派系界限越来越清晰。网络成员在维护"群体内"利益的同时，与"群体外"成员间的联系日渐减弱。随着断层不断增强，不同群体成员之间的合作不确定性被放大，更缺乏对未来合作收益的可预见性，极大地降低了跨群体组织间合作形成的可能性。相反，若断层较弱，组织间交互过程中意见分散，难以形成局部统一和自我类别强化的动态过程。总之，强断层使不同子群成员间相互分离，形成独立子群，且子群内部经验共享程度越高，子群内越稳定，子群间联系越稀疏。

子群内网络成员间密集的交互能够促进集体社会资本的产生，进而提高网络子群的凝聚性。集体社会资本关注个体利益聚合对集体带来的好处。通过维持和发展集体资产，集体社会资本能够提高企业的生存能力。在这个过程中，规范和信任起到了重要作用。相关研究表明，在密集的和冗余的凝聚性网络中，网络成员之间的相互信任与协作，能够促进规范环境的产生，并最终促使网络子群内形成很强的社会凝聚性。凝聚性是指社会系统中个体间相对直接的强交互程度。相对于非子群内成员，凝聚性网络子群内的成员之间具有更多数量和更高强度的合作关系。通过凝聚性能够产生正式的治理和非正式的交互，并共同促使知识和信息更有效地在跨组织间运动。在凝聚性子群中，企业间交互能促进彼此在新产品特性、设计和营销工作等方面的相互学习。凝聚性还能促进子群内成员的社会认同感，提高企业间的相互信任和互惠程度，这将进一步促进知识共享，从而增强合作创新绩效（Ozer et al.，2015）。

另外，子群形成除了能提高凝聚性外，还能够促进子群内成员间的同质化，有利于企业间知识的吸收。这种同质化过程既来源于子群内成员间的亲密关系，也来源于网络成员属性上的相似性。从成员间关系来看：子群内密集的连接可以使企业更容易与同一子群的其他成员交换知识。子群内密集的网络结构特征、较短的网络距离和较低的交易成本，可以使企业更容易获取和利用其所在网络子群内的资源。通过子群内成员之间频繁而强烈的交互，致使组合后的信息流能够同质化知识库和知识流，有利于企业对知识的吸收。通过冗余的知识和信息流动，子群内网络成员能够更好地利用相同或相似的技术机会。因此，与子群外相比，子群内的信息、知识和其他关键资源更具有相似性。此外，网络子群内的同质化过程，不一定需要知识和信息严格通过企业间关系进行流动。相关研究表明，技术信息也可以通过出版物、贸易展览、会议或互联网等途径流动。然而，通过两家企业之间的直接关系，可以促使新知识能够被更直观地观察和体验，这对企业间有效的知识转移，特别是隐性和复杂性知识的扩散而言都是必不可少的。从网络成员的属性上看：网络子群中的知识同质化过程也在一定程度上与伙伴关系形成时的"相似性"选择模式有关（两个相似的企业更容易形成组织间关系）。例如，相关研究表明，相似的组织文化或相似的组织间合作经验，可以促进企业间相互吸引并避免竞争摩擦（Lavie et al.，2012）。相似性也可以促使子群内成员更容易识别和关注相似的技术和市场机会，并使用相似的方式来抓住机会。例如，相似企业的决策者可能会发展出类似的市场和竞争环境的心理模型。

（2）关系型断层与创新绩效

相似性引起的企业间经验共享是一种间接效应，例如，当企业感知到身份、地理和知识等方面的相似性时，相同类别引起的归属感会使企业更愿意产生达成一致性的愿景，进而实现经验共享。除此以外，经验也可以通过企业间前期的交互过程而直接共享，即历史合作关系对企业间合作具有重要的促进作用。历史合作关系会影响企业的伙伴选择偏好，企业往往倾向于通过"本地搜寻"来形成随后的伙伴关系。本地搜寻是企业选择合作伙伴的重要策略，通过与熟悉的企业合作可以大大降低伙伴搜寻成本和技术不确定性。企业间前期合作经验和沟通模式能够形成解决冲突的惯例和规范，并加强后续关系，形成互惠和稳定的二元关系，这种本地搜寻使企业间建立信任和优先连接机制。由于长时间与相同的伙伴合作，企业之间的重复连接往往会凝聚形成稳定的小群体。除了通过提供合作便利性和降低交易成本这些相对"积极"的作用方式以外，历史合作关系也会通过一些"限制性"的方式来迫使企业维持与过去的伙伴合作。通常这种作用方式被称为"关系惯性"。关系惯性会对未来的伙伴选择起到约束作用，因为在过去关系中投入的资源会限制在未来关系中的资源投入，企业在选择新的伙伴时也会受到来自现有伙伴的社会压力，从而复制现有的关系连接。

上述分析说明，企业间的伙伴选择在很大程度上依赖于历史合作关系。从整体网络结构层面来看，关系嵌入性无疑是导致群体产生凝聚性的重要原因，但关系嵌入性仅代表了一种伙伴选择的趋势或偏好，它不一定会导致子群的形成（Cowan et al., 2009）。例如，当技术创新网络中伙伴间的关系强度都很强时，网络可能会凝聚成一个整体，而不会划分成多个子群或派系。只有在关系强度分布不均匀的情况下，企业间的经验共享程度才具有差异性，当这种差异性造成伙伴间不同程度的信任和关系时，网络才可能分裂成多个子群。在技术创新网络的合作过程中，企业没有精力也没有必要与所有网络成员都保持强关系。当企业在与某些特定伙伴维持强关系的同时，与另一些伙伴只能维持较弱的关系。强关系的伙伴之间容易形成较强的凝聚力，而弱关系的伙伴则被排除在凝聚群体之外。也就是说，强关系在增强局部企业间信任和凝聚力的同时，也会对整体网络结构带来一定程度的分裂影响，因为这种强关系会限制涉及更广泛合作伙伴的、更具包容性的新规范的建立。因此，真正导致网络形成子群的是由关系嵌入性的不均匀分布引起的经验共享程度差异，即关系型断层。

关系型断层对子群形成的影响取决于企业间经验共享的程度差异。当企业间关系强度分布很不均匀时，会产生较强的断层。此时经验共享程度较高的企业之间拥有共同的价值观、规范并相互信任，他们通过密集的关系连接形成凝聚性的局部子群，而其余企业则被排除在子群之外。由于子群内部的成员更信任本群成员，会使子群外成员感到合作的不公平性并降低合作预期，甚至减少当前的合作或完全退出。这种群内和群外之争会造成隶属于不同子群的成员间的不信任和相互仇恨，使子群内部紧密连接，不同子群间关系微弱。断层越强，将导致子群间的知识流动更为受限，子群内和子群外之间的不信任和不平等进一步放大。总之，关系强度的不均匀分布引起的关系型断层会使技术创新网络分裂成多个子群，并且企业间关系强度的不均匀分布越强，经验共享的程度差异也越高，由此引起的关系型断层就越强，子群内与子群外的界限就越清晰。

由于子群内企业间的紧密合作、频繁交互，以及彼此关系承诺的增加，伙伴间的信任和亲密度会越来越强。然而，当伙伴间关系过于紧密时，网络子群带来的凝聚性和同质化过程会对子群内合作创新绩效产生负面作用。如Boschma 认为凝聚性子群在提高组织认同的同时，也会导致企业过度依赖于相似的创新惯例和实践，并忽略了独特的产品创新过程。由于子群内成员往往关注相似的信息，他们的竞争观念会越来越同质化并影响企业探索异质性和独特性的知识，从而降低企业的探索性创新。因此，对固有创新模式的依赖，以及知识和实践的过度同质化会使得子群变得僵化和固化，伴随产生的技术锁定效应会阻碍企业对新颖性和多样性知识的探索，并且在技术变化越快的环境中这个问题会更为突出。

由此可以看出，子群结构形成对合作创新绩效的作用具有两面性。一方面，网络子群具有较强的凝聚性，子群内成员通过与子群内其他成员的直接联系或较短网络路径的间接联系可以接触本地知识池，从而能够促进合作创新绩效的提升。拥有这样的共同知识"平台"也能使企业更广泛、更容易地识别子群内互补性或相似性知识重组的机会。另一方面，过度的凝聚性使子群之间越来越独立，网络成员受到子群内标准的约束也越强。子群内成员间的强关系会造成他们在态度、行为和观念上的同质化，当子群内成员接受对方给予的态度和行为时，会引发社会传染效应，进而又促进子群内成员在信息、行为和偏好等方面产生同质性，造成信息冗余。对固有模式和惯例的依赖也会造成网络子群的固化和僵化，并阻碍子群成员对新颖性知识和资源的探索，不利于子群内合作创新绩效。

（3）两类网络断层的交互与创新绩效

属性型断层与关系型断层分别基于两个不同的理论视角——多样性和嵌入性，前者关注网络成员属性的多样性特征，后者关注网络成员间的关系。联盟层面的研究表明，组织特征与组织间关系存在一定的相互作用（Phelps，2010）。一种观点认为，当伙伴特征具有较高的一致性时，信任、承诺等关系机制更容易建立。另一种观点认为，历史合作关系会降低组织特征的差异性对合作伙伴选择的负面影响。还有一种观点认为，历史合作有关系与组织特征的相似性会阻碍伙伴间的继续合作。由此可见，组织特征与组织间关系的交互确实存在，但这种交互作用往往视研究情境而定。相对而言，网络断层概念关注组织特征与组织间关系在网络整体层面的分布情况，而不是联盟层面的单一组织特征或二元关系，因此，两类网络断层的交互比单独考虑组织特征与关系的交互更为复杂。

对技术创新网络而言，组织特征的相似性对组织间关系的建立具有一定的促进作用，尤其是在最初的伙伴寻求阶段，此时伙伴间关系还不稳定，具有较大的关系不确定性。为了降低伙伴搜寻成本，企业可能通过社会分类来选择合作伙伴，即选择与自身属性相似的企业进行合作（Milanov et al.，2013）。同样的，已经处于同行业或社群的成员也会以相同的分类标准来选择新的伙伴成员。通过这种属性来选择合作伙伴，可以简化伙伴之间的认知流程，帮助伙伴之间快速部署有限的注意力和认知资源，降低伙伴之间的不确定性。此外，新关系的建立还依赖于企业领导者的社会资本，这在新兴行业或是新企业伙伴选择过程中尤为常见。在行业兴起的初期，企业领导者或创始人往往来源于有优秀行业经验的精英团队，这种经验背景很容易使他们的企业被行业其他伙伴所认可，并选择与其合作。由此可见，组织特征的相似性在最初的伙伴寻求阶段对组织间关系建立具有积极作用。然而，随着组织间关系的日益增强，伙伴间的同质性会带来知识冗余、直接竞争等一系列问题，此时企业除了与相似性企业合作以外，还会寻求相对异质性的伙伴进行合作以获取新颖性知识或信息，随着与新伙伴的关系日益增强，历史合作关系会为相对异质性的企业间合作提供必要的信任保障机制，降低机会主义行为，并提高彼此的吸收能力。

具体而言，当企业间的合作关系不稳定时，通过与相似的企业合作，可以简化伙伴搜寻过程，降低交易成本，并更好地识别潜在伙伴的合作机会。同时，企业之间的合作也往往依赖于领导者的社会资本。一旦企业之间达成合作，这种关系往往由于路径依赖性而持续下去。然而，长期与相似性伙伴进行合作会带来同质化、知识冗余、技术锁定等问题。在技术稳定时期，与相似性的伙伴合作可以获取准确和可靠的信息，减少交易成本，并逐步提高现有知识和能力。但是，在技术的快速发展期，与多样性伙伴建立关系能够提供新知识的共享、学习和创造机会。因此，随着技术的快速变革，通过与相似性伙伴合作难以再满足企业对新颖性知识的追求，此时异质性的伙伴对创新网络而言更为重要。随着信息技术的快速发展，企业还可以通过使用诸如基于因特网的数据源、信息检索服务和数据挖掘支持等公共资源进行伙伴搜寻。通过与异质性的伙伴建立关系，可以接触新颖性知识，有利于掌握新技术的发展趋势。新技术对于企业的持续性创新而言非常重要，特别是在动态性的、高技术的环境中。然而，与异质性企业合作会影响企业的相对吸收能力，随着合作伙伴之间的技术距离增加，他们识别、吸收并应用对方知识的能力会下降，而历史合作关系正好弥补这种吸收能力的不足。通过重复的交互，历史合作关系能够减少知识转移过程中的模糊性，并促进技术在伙伴之间流动的效率和有效性（Li et al.，2008）。通过与异质性伙伴持续保持合作关系，可以消除与异质性伙伴合作带来的不确定性。因此，技术创新网络中的伙伴选择是一个动态过程，并具有一定的开放性和自适应性。一方面，企业在最初的伙伴寻求阶段更容易与相似的企业合作。另一方面，为了避免过度嵌入使技术越来越相似，从而造成技术锁定效应，企业往往通过社会资本寻求新的合作关系，再通过不断的重复合作加强关系凝聚性，过度相似的企业间合作越来越稀疏，从而退出原来的凝聚子群，寻求新的合作并形成新的子群。这种新成员的进入和旧成员的退出是技术创新网络边界动态变化的主要原因。这也使得技术创新网络越来越复杂化和多元化，完全依靠属性聚合形成凝聚子群变得困难，但与异质性企业的合作也需要关系机制提供信任保障，降低不确定性，提高组织相互学习的效率。在这种情况下，企业既与同质性伙伴保持合作，也与异质性伙伴保持合作，相对异质性的企业之间通过强关系形成凝聚子群。也就是说，关系机制的作用遮盖了相似性的作用，属性型断层与关系型断层在子群形成过程中表现为替代关系，即随着关系型断层的增强，降低了属性型断层对子群结构形成的正向影响。

（4）子群结构对创新绩效的影响

通常情况下，技术创新网络是一种相对松散的、稀疏连接的企业间合作网络，整体凝聚性不强。由上述分析可以看出，子群结构形成能够在一定程度上加强网络的局部凝聚性,这对合作创新绩效的提升十分重要。具体而言,当网络中子群现象不明显或者子群间存在过量的桥接关系时网络缺乏凝聚性,难以产生企业间共识和相互认同的合作规范,这不利于企业间合作时对彼此知识的吸收。网络成员之间的相对稀疏关系也不利于企业间的互惠性,会阻碍企业间知识共享的意愿。随着网络子群的逐渐凝聚,子群内成员间的强关系进一步促进企业间合作的频率,这将有利于企业间建立强大的信任机制,提高企业间的知识共享和吸收。同时,适量的桥接关系还可以引入不同子群的异质性知识和资源,并通过子群成员之间的强交互进行消化吸收并有效地组合,进一步提高企业间的合作创新绩效。由子群内密集的连接及子群间稀疏的连接相结合,能够对整体网络的合作创新绩效起到积极作用。例如,通过对全球计算机行业小世界网络结构动态演化的研究发现,小世界网络结构经历了一个由盛到衰的动态过程。在这个过程中,跨越不同子群的桥接关系起到了重要作用。桥接关系通过在不同子群之间建立沟通的渠道,可以为不同子群成员提供非冗余的信息和资源。缺乏桥接关系会导致子群内信息的冗余,以及对新信息的排斥。然而,如果桥接关系过多甚至最终饱和,那么桥接关系的信息通道作用将逐渐消失,因为不同子群会越来越同质化,由桥接关系传递的子群间信息价值会大大降低。这说明,子群之间的过度独立和子群之间的过度桥接都不利于合作创新,两者都会造成信息冗余和同质化问题。除此以外,网络子群还为整体网络的合作创新绩效带来了另一种形式的负面作用,即子群结构形成对子群间合作的抑制作用。

首先,网络子群之间在结构上的隔离会阻碍子群间合作创新。因为同一子群内的企业间知识可能具有相似性,而不同子群间的企业知识异质性较强,这种群内的相似性和群间的异质性会降低子群间的知识转移、交易和吸收强度。同时,由于群内的企业之间存在高密度的连接使知识流动更强烈,而子群之间相对稀疏的网络连接往往会带来交流不畅等知识共享难题。也就是说,不同子群的知识异质性依赖于子群在整体网络中的结构独立性,即子群之间的连接程度。如果不同子群之间被完全隔离,或者仅通过较长的网络路径而间接相连,那么由于稀疏的连接和更大的网络距离,知识、信息及其他资源很难在子群间自由流动,从而导致知识和信息流更倾向于在子群内而不是子群间流动。同时,子群也使网络成员与更广泛的整体网络相隔离,导致子群成员只能获取局部网络的知识,而不能接触整体网络中更广泛的更具异质性的知识。因此，这些作用加强了不同网络子群的知识异质性并阻碍了不同子群的企业间合作创新。

其次，不同子群的潜在竞争性阻碍了子群间合作创新。企业间合作往往具有关系惯性，在关系惯性的约束下，企业能够用于新伙伴搜寻的资源投入非常有限。因为网络成员间通过重复合作或相似聚合产生的强关系或熟悉度，能够约束网络成员与非子群内成员建立关系的合作机会。当网络成员准备建立新的合作关系时，会感受到来自子群内成员的压力并选择复制现有合作关系。一旦企业在某个特定的子群中建立了联系，那么在这个子群之外建立新的联系就会很困难，因为不同子群的合作伙伴之间可能存在利益冲突。这意味着，子群内成员被最初的伙伴选择锁定，从而阻隔了企业与外面的伙伴建立合作的机会。因此，最初用于伙伴之间关系建立的资源，能够约束他们与其他伙伴的关系建立。通过对子群内成员忠诚的期望，子群约束并阻止了内部成员与来自竞争群体企业的合作。除了约束作用以外，关系惯性还表现出一定的隔离作用。当企业与理想的伙伴建立合作关系并融入子群以后，在子群之外寻求合作伙伴的机会就会被相互竞争的子群所阻止。因此，一些潜在的合作伙伴被简单地排除在合作伙伴选择阶段。这种"战略僵局"的外生网络现象迫使企业在自己的子群内部寻找合作伙伴（Duysters et al., 2003）。同时，关系惯性使得子群成员表现出刚性和认知锁定。这种认知锁定效应过滤了本应到达子群内部成员的重要信息，并将他们与子群之外的伙伴隔离。由相似成员和关系惰性造成的僵化和过度嵌入状态，在很大程度上减少了伙伴成员的学习和创新机会。由于选择子群外伙伴的机会被限制，子群内的进入壁垒也随着子群的演化日益加强。从这个角度而言，子群间的企业难以合作，因为他们可能已经与子群内企业的竞争对手展开合作了。

最后，另一个阻碍子群间合作的原因是为了防止知识泄露给相互竞争的子群。网络子群内的企业会减少将知识转移给那些非子群成员的可能性。因为子群内强大的凝聚力能够促进伙伴间信任和合作规范的建立，但阻碍了整体网络中涉及所有成员的、更具包容性的新规范的建立。不同子群的企业在合作时会认为当前的合作缺乏有效性和公平性，且子群内和子群外的成员间会相互猜疑，从而导致合作伙伴保护各自的知识。由于缺乏信任甚至存在一定的冲突，子群的形成会阻碍"群体内"与"群体外"企业间的知识共享，从而阻碍子群间合作创新。

综合而言,网络子群凝聚的最初阶段会有利于整体网络合作创新绩效的提升,因为子群内的凝聚性和子群间的桥接关系相结合,既提高了局部创新效率,又能够及时传递子群间的知识和信息。随着子群凝聚程度的提高,除了造成对子群内合作创新绩效的负面作用以外,子群结构形成还通过结构性隔离、竞争性阻碍和知识保护等方式对子群间合作起到了一定的抑制作用,进而对整体网络合作创新绩效产生负面影响。

（5）子群结构的中介作用

前文提出了网络断层与子群结构之间的关系,子群结构与创新绩效的关系。在此基础上,接下来将进一步分析子群结构的中介作用。

首先,从团队层面的研究来看,个体间群体断层产生作用的核心机制是"群体内"与"群体外"的派系之争。因为群体内成员往往具有相似的性别、年龄和种族等特征,这些拥有相似特征的成员会凝聚成一个子群,而拥有不同特征的成员则被排除在子群之外。相对子群外成员而言,子群内成员之间具有较强的社会关系和更高的凝聚性。通常情况下,现有研究认为断层会对团队绩效带来两方面影响:一种观点认为,断层会提高子群内凝聚力,当团队成员之间有密集的强关系时,成员之间的知识共享会更强,这有利于团队绩效。由于断层效应,不同子群内的成员可以看清他们的价值差异,并能够有效地利用子群的认知资源,从而提高团队绩效。另一种观点认为,由于断层会造成"群体内"与"群体外"的分裂问题,这会带来子群间沟通与合作的障碍,甚至是子群间冲突,并限制对信息资源的获取,或阻碍信息加工,从而降低团队绩效。子群内的凝聚力会阻碍子群间的知识共享,因为派系间的冲突和不信任会阻碍知识在不同子群间的流动。基于态度分离、地位差异和信息多样性三个属性构成的断层强度与团队绩效存在负相关关系。因为强断层会促进更高的子群内吸引力并阻碍子群间的交互与沟通,加剧子群间的分歧。这种对群体外的负面偏见会阻碍知识的流动和交易,降低团队绩效。断层效应被视为一种自下而上从个体到群体再到组织的演进过程,被认为组织层面的断层来源于群体层面的断层。由于群体断层引起的分裂过程,子群效应会造成"我们"与"他们"的竞争心态,并在整个群体中煽动敌对情绪,这会导致对组织层面整体绩效的负面影响。可以看出,尽管断层相关研究很少将子群作为单独的变量考虑,但无论研究者侧重于哪方面的影响,都认为断层是通过"群体内"与"群体外"的子群问题来影响团队绩效或结果。

其次，尽管目前还没有研究直接探索组织间网络层面的断层与网络绩效的关系，但网络断层概念已经引起学者们的重视。在多边联盟与联合投资网络等方面的研究中已经发现，断层对组织间知识共享、网络稳定性和网络形成都具有重要影响。由于缺乏信任和可能的冲突，以及对固有交易规范的过分依赖，历史合作关系引发的断层会阻碍子群内与子群外成员之间的知识共享，与人口属性引起的子群效应类似，基于关系交互的断层能够将更大的组织间群体分裂为多个子群，导致子群内与子群外的不信任与不公平感知。当断层阻碍整体网络层面的信任构建并降低团结时，会危害网络稳定性。Zhang 等（2017）在此基础上将断层概念引入联合投资网络形成的研究中，他们指出风险投资辛迪加并不是一个松散的联合体，而是每个成员都积极参与投资决策，基于关系交互的网络断层引起的子群问题会带来减弱合作和协调的风险，这意味着失去最好的投资时机，影响制定最好的投资决策。此外，该研究还提出了地位相似性子群概念，类似于断层，地位相似性子群也会危害企业间交互，并使子群间缺乏信任。可以看出，这些研究都认为断层是通过形成"群体内"与"群体外"的子群问题来影响网络运行的过程和结果。但是，这些研究都仅从子群内与子群外群体的协调与沟通角度理解断层带来的负效应，而忽视了断层对促进子群内成员间交互的正效应。更重要的是，他们虽然在理论上认为子群问题是断层起作用的核心机制，但均未对断层是否会真实导致子群形成的问题进行分析。与团队、多边联盟、联合投资网络等群体不同，技术创新网络具有明显的松散耦合特征，更大的网络规模使得成员间的联系相对稀疏，节点之间也并不像在团队、多边联盟和联合投资网络中一样相互熟悉。如果技术创新网络成员之间缺乏直接或间接的联系，那么他们的合作创新绩效很难提高，而网络断层引起的凝聚子群能够为网络成员提供这种联系渠道。也就是说，子群形成是网络断层产生作用的重要途径，并且适当水平的网络断层有利于提升合作创新效率，促进网络知识流动，对合作创新绩效带来一定的正效应；过低或过高的网络断层则会对合作创新绩效带来一定的负效应，因为网络断层较弱时网络成员之间的凝聚力较低，而网络断层较强时容易引起网络僵化并阻碍"群体内"与"群体外"成员间的合作。

最后，虽然现有研究已经注意到子群形成会对网络创新绩效带来影响，但学者们长期以来都将网络子群视为一种中观网络结构（例如社群），再通过计算机算法对数据直接进行子群识别，很少有研究探讨子群形成的前置因素。例如，赵炎和孟庆时也认为企业的结派行为会使创新网络结构形成局部联系紧密的子网络，并采用子群结构特征代理结派行为，通过我国汽车、生物制药等行业数据研究了企业结派行为对企业创新能力造成的影响（赵炎 等，2014）。与此同时，相关研究均认为断层影响网络运行过程或结果的作用机制是引发子群问题，但也没有研究关注断层与子群形成间的联系。因此，综合这两类研究，构建网络断层与子群间的联系，网络断层通过子群结构形成而影响合作创新绩效。具体而言，网络断层通过引发子群问题，造成子群内的局部凝聚性，或者子群间的不信任与冲突，进而影响合作创新绩效，即子群结构形成在网络断层与合作创新绩效之间起到中介作用。

6.2.3 网络断层影响技术聚集与创新成果

（1）技术聚集与创新数量

创新数量是体现企业创新成果的重要维度。企业在现有知识储备的基础上进行局部知识搜索，吸收伙伴企业的相似性知识，并通过知识转移和共享对知识深入整合，进而提升创新数量。

首先，参与协作的所有伙伴汇集知识资源形成巨大的知识池，并获得企业所不具有的资源和技术。在此过程中，相似的知识基础使企业间的知识交流更加高效，提升资源整合能力并确保企业从知识互动中创造效益，对创新数量产生积极影响（Makri et al.，2010）。其次，技术聚集为企业间的知识共享和互补知识引入提供了可能，并利用规模经济效应提高企业创新数量（Ahuja et al.，2000）。企业在参与协作后新专利申请大幅增加，新专利的技术类别包括伙伴现有知识/技术类别和企业资源与伙伴知识组合配置，这种知识转移和交叉应用的证据是创新数量提升的重要依据。再次，随着技术聚集不断增强，能够克服企业在协作过程中产生的交流障碍，有效降低沟通成本，避免沟通中混淆和误解的风险。高技术聚集度通过降低企业间产生的知识交流摩擦和资源混淆来提高知识整合效率，进而提高创新生产率。最后，技术聚集捕捉的是某一企业与自我网络中其他所有企业技术基础的重叠程度。技术体系重叠范围越大，表明企业的专利组合和技术资源越容易受到伙伴青睐，充分吸引了合作伙伴的协作诉求和投资兴趣。

（2）技术聚集与创新突破性

创新是一个多维度概念，仅关注创新数量不能完全反映企业的创新成果和技术竞争力。基于熊彼特的创造性破坏理论，创新突破性被定义为重新整合现有想法 / 知识的过程，表示从根本上改变或破坏现状的程度，是创新结果与现有知识或技术体系存在本质差别的创新形式。在技术创新过程中，适度的技术聚集会以有效的吸收能力和知识整合的方式来支撑创新突破性，类似于其对创新数量的影响，但技术聚集超过一定阈值时可能会对创新突破性产生抑制。

随着企业技术聚集增加，其取得更高突破性创新的能力趋于增强。首先，技术聚集是决定企业间合作、吸收能力和创新活动的重要因素，相似的技术背景有利于资源的转化吸收和突破性创新的发展。吸收能力理论的文献也在很大程度上证实了共同的知识基础对企业间协同创造的促进作用（Nooteboom et al.，2007）。其次，创新突破性是一种探索行为，它是跨技术领域知识要素的重新组合，多样性是知识有效重组的关键和创新突破性产生的前提，企业之间较低的技术聚集度使合作创新过程中能够获取较多新颖性和多样化的知识元素，进而与现有知识充分结合并促进新知识的产生。最后，相似的知识促使企业更准确地判断彼此的技术资源与能力，有利于提升企业与伙伴的合作潜力与意愿，促进企业将资源与现有知识 / 技术相结合，对创新突破性产生积极影响（Nan et al.，2018）。

然而，过度的技术聚集也会产生反作用，使企业的技术聚集与创新突破性之间的正相关关系减弱，甚至变为负向。首先，遵循重组搜索理论，当技术聚集程度不断提高，大量同质知识削弱了伙伴的信息处理能力并且严重阻碍了重组搜索，抑制外部知识资源获取时，对创新突破性会产生不利影响。其次，企业与其伙伴极度相似的知识、资源和技术对于合作者来说变得冗余，在这一过程中，企业与其合作伙伴达到了探索新知识的自然极限（Yan et al.，2020），突破性创新也可能达到价值耗尽的地步。最后，互补性知识是创新突破性产生的前提，高技术聚集度降低了企业间知识要素的互补性，致使相似性知识资源占据主要地位。此时，知识冗余抑制了知识元素重新组合的能力，进而限制了创新突破性。

（3）网络断层的调节作用

知识共享和知识重组推动了企业间合作创新的发展，而网络断层给试图通过合作创新网络提升创新成果的企业提出了一定挑战。已有研究表明，节点企业的属性特征（邻近性）和企业间关系会存在一定相互作用，并对企业的创新行为产生重要影响。当企业间二元关系嵌入强度分布不均时，会造成技术创新网络分裂、产生"群体内"和"群体外"的子群问题，影响知识交流与吸收、致使异质性知识获取变得困难，进而影响企业创新成果。因此，即使在企业技术聚集度稳定不变的条件下，其创新成果水平也可能由于网络断层程度差异表现出不一致的结果。

首先，在网络断层的作用下，网络会分化成多个子群，子群内成员往往倾向于信任群内企业。随着网络中断层作用的增强，子群内和子群外的身份界限变得更加明晰，导致成员极易产生偏见，甚至是敌意，削弱了成员间的整体公平感并引发冲突（魏钧 等，2017）。为避免冲突爆发，网络成员倾向于降低彼此间的互动频率，减少知识交流和信息交换，防止合作过程中产生的不确定性和机会主义行为。由于网络断层引起的子群成员身份明晰度提升，当企业与其他合作伙伴的技术基础高度相似时，更易导致成员子群信任群内企业而防备子群外成员，降低网络内部知识和资源的交换效率，对创新成果产生不利影响。

其次，由关系嵌入的观点可知，强关系增加企业间的理解能力，相互信任并熟悉惯例，促进企业间凝聚力的提升。在高强度网络断层作用下，子群内部强关系进一步发展，重复的互动巩固了子群内成员相互信任与合作关系。一旦子群凝聚程度超过一定阈值时，较强的凝聚性为子群带来大量同质知识和冗余信息，子群的消极影响会抑制创新数量的提升。同时，创新突破性增加需要获取多样化和异质性的知识，而牢固的关系扰乱信息的获取渠道、限制新资源的产生，导致企业间强联结的优势失效。另外，子群间联系的稀疏性使得企业对子群外合作伙伴的监控途径大大减少（Clement et al.，2018）；子群间往往存在竞争，致使位于不同子群的合作伙伴彼此间信任逐渐缺失、机会主义行为增多，导致技术泄露的风险急剧增加，从而影响突破性创新的发展。

最后，随着断层程度逐步增强，不同子群会相互分离并使网络中子群间相对独立的程度越来越高，子群内外成员间凝聚力进一步受到网络断层限制。当子群内外企业间技术基础相似度提高时，企业间的不信任和不平等感被进一步放大，间接互惠规范亦受到阻碍，导致企业间的知识流动和信息交换更为受限，抑制了企业的创新成果。同时，由于不信任情绪在子群间蔓延，成员分享隐性知识的意愿也大打折扣，导致企业知识搜索成本大幅增加。此外，子群内繁复的联系给企业带来知识的同时亦带来了约束。企业与过多成员维持关系会造成联系冗余和协作惰性（Villena et al., 2011），降低企业与新伙伴合作的机会，减少企业新颖性知识的获取。冗余、陈旧的知识在成员间交换和转移，既抑制了创新数量的提升，也影响了创新突破性的提高。这是因为从根本上改变现有技术或知识是需要新颖性和异质性的知识在子群间流动并加以整合的。

6.3　网络断层与技术融合

6.3.1　相关概念

（1）技术融合的概念及测度

技术融合被认为是实现创新驱动发展的重要因素之一。通过技术融合实现技术创新具有无限可能，无论是学界还是产业界都越来越多地开展跨学科研究。针对日益频繁的技术融合现象，技术管理领域的学者们从技术融合的内涵与测度、技术融合的驱动因素等方面展开研究。

在技术融合的内涵与测度研究方面，技术融合最初被定义为两个不同的产业部门共享同一个知识和技术基础的过程。随后，学者们从技术改进、知识重组及边界模糊等多个角度对技术融合的概念进行描述。技术改进观认为，融合是对以前的技术解决方案的一种改进，一个技术应用领域通过另一个应用领域的手段增加其技术潜力，从而最终生产出一类全新的产品（如智能手机）。根据这种观点，技术融合是一种特定形式的主导设计的结果，它整合了来自其他技术或产业部门的独特知识或创新；知识重组观认为，技术融合在某种程度上可以被看作是知识重组的一个子集，但技术融合的研究解释了不同领域的技术越来越重叠的现象，或者预测了技术的某种融合是否会导致市场或产业融合，而知识重组的研究主要关注企业通过成功重组知识来创造新知识的组织能力；边界模糊观认为，融合是至少两个可识别的项目走向联合或统一，或至少两个迄今为止未连接的科学、技术、市场或产业领域之间边界模糊的现象。这种观点强调技术融合模糊了产业间的界限，认为技术融合是产业融合的驱动之一。类似的，Hacklin 等（2009）从共同演化视角将融合划分为知识、技术、应用和产业融合四个阶段。Sick 等（2019）将融合描述为包含科学、技术、市场和产业融合四个步骤的连续过程，并强调产业融合可以在不经历所有阶段的情况

下发生。综合以上观点可以看出，融合概念下衍生出科学、技术、市场和产业等融合研究，这种强调跨学科研究、综合集成的创新模式都可被称为融合创新。技术融合属于融合创新的重要一环，是将至少两项或两项以上现有技术融合为混合技术的突破，并将最终导致产业融合发生。

技术融合的测度是研究的重点和热点。在诸多技术融合测度方法中，专利分析的使用最为广泛。学者们主要通过专利引文分析、专利共分类分析测度技术融合（Caviggioli et al.，2016）。使用专利引文分析可以识别不同知识（技术）元素之间的流动，并从知识流动中揭示其融合机制。如利用专利引文网络分析技术融合的动态模式，并通过研究关键技术在技术融合中的动态作用来识别印刷电子技术中的关键技术，而使用专利共分类分析可以揭示技术融合的现象。如娄岩等（2019）以纯电动汽车和信息技术的融合为例，通过构建IPC共现网络，从宏观和微观两个方面对技术融合进行测度。还有一些文献采用共引和共类分析相结合，或是将专利分析与其他分析相结合的方法测度技术融合。Geum等（2012）提出通过专利引文和共分类分析来衡量技术融合的强度和覆盖范围。Lee等（2015）使用关联规则挖掘和链接预测，应用主题建模技术来发现技术融合的新兴领域，并通过IPC共现网络，发现了不同时期化合物与药物技术、信息和通信技术等技术融合模式。赵玉林和李丫丫（2017）利用生物芯片产业的专利数据，采用N指数、辛普森多样性指数和香农–维纳指数等方法测度了技术融合的宽度和深度。Wang等（2019）在IPC分类分析的基础上提出一种识别技术融合环境中意外主题的新方法，并用此方法对3D打印领域的技术融合进行识别。关于技术融合的测度方法日益增多，学者们也尝试着对原有的方法从数据源、动态性及普适性等方面进行改进。Yun和Geum（2019）提出一种基于指数的方法，用波动性和连续性两类指数实现了对医疗保健服务行业技术融合进步和衰退的深入分析。

（2）技术融合的演化及驱动因素

一些学者通过识别技术融合来考察技术融合的演化轨迹，探索出了一种更精确的分析技术融合演化过程的方法。翟东升等（2015）综合专利共分类分析和专利引文分析方法识别技术融合创新轨迹，进而分析了云计算领域技术融合发展的趋势。Kim和Lee（2020）提出一种基于专利引文分析（识别技术融合关系）、神经网络分析（预测技术融合）和依赖结构矩阵（对多技术融合进行展示）的多技术融合预测方法，侧重于对未来的技术融合进行预测，以帮助企业发现技术机会。Park 和 Yoon（2018）使用专利信息，采取有向网络中的链接预测方法，通过预测技术知识流动识别生物技术与信息技术融合带来的渐近性或突破性技术机会，帮助企业预测尚未开发的有前途的技术，并分析利用现有技术可以创造的潜在新市场。吕一博等（2019）以物联网与人工智能领域为对象，采用共现矩阵和文献计量方法，探索了技术融合后的技术研究现状和未来发展动向。Kwon 等（2019）使用覆盖所有技术领域的大规模专利数据，综合运用专利共分类分析、中心性和经纪人分析及链接预测分析方法，以预见由技术驱动的产业融合，并考察驱动产业融合的核心技术领域的演化过程。

在技术融合的驱动因素研究方面，现有研究主要从资源配置、技术特性、技术标准、组织能力、技术位置、外部合作等方面研究了技术融合的驱动因素，随着网络研究的兴起，一些学者开始探索创新网络对技术融合的影响。Jeong 和 Lee（2015）在研究技术和资源配置环境对技术融合的作用时，发现在技术生命周期的早期阶段，较低的技术准备水平、较长的研发时间或较少的研发预算会导致技术融合的产生。Caviggioli（2016）以欧洲专利局的专利数据为研究对象，发现如果技术领域紧密相关、技术范围广、来源于企业间合作，融合就会更加频繁，而涉及的技术越复杂，它们融合的可能性就越小。Corradini 和 De Propris（2017）发现一些特定的技术可以成为桥接平台，从而更有效地在不相关的、远距离的、跨领域的技术间建立联系并进行技术集成，促进技术融合与原始创新发展。Kim 等（2017）研究了标准对新兴 M2M/IoT（物联网）技术轨迹及技术融合的影响，发现标准是技术融合的重要驱动力，并且标准在为追赶型企业（如华为）开辟新路径的过程中起到了重要作用。Woo 和 Choi（2018）以韩国企业为对象研究了企业的知识重组能力及外部合作对开发融合产品的影响，发现跨学科员工的存在及 CEO 的强烈承诺是开发融合产品的重要知识重组能力，而企业间的合作与产学合作等其他类型的合作相比在开发融合产品方面更为有效。Páez-Avilés 等（2018）通过对纳米技术的研究发现，组织的吸收能力和动态能力是技术融合的关键。冯科等（2019）研究了电子信息、汽车及装备制造产业中技术融合距离的聚类特征和影响因素，发现合作团队规模、产学合作、专利技术积累、政府科技计划投入等因素对技术融合距离具有显著影响。

（3）创新网络与技术融合

关于创新网络与技术融合的研究，一些研究通过构建专利 IPC 共现网络或专利引文网络，利用社会网络分析方法，研究技术领域构成的知识网络对技术融合的影响。如 Han 和 Sohn（2016）通过构建 IPC 共现网络，以社会网络分析中的中心性等指标，分析 IPC 代码之间的相互关系，发现技术领域在标准的技术融合中发挥了重要作用。冯科等（2019）对不同产业技术领域融合的动态演化路径进行了对比分析，发现技术融合具有明显的"偏好链接"特征和社群现象，核心技术领域、明星技术领域社群等在技术融合过程中发挥了重要作用。另一类研究则通过构建组织间合作关系网络，研究网络关系和网络结构对技术融合带来的影响。Lim 等（2018）使用网络分析和共现分析发现，美国的物联网初创企业与其投资者之间的关系导致了投资者知识共享带来的技术融合，拥有投资者且与更多初创企业建立联系的初创企业技术融合度更高，而投资者通过在初创企业之间形成理想的知识共享拓扑结构，起到了很好的中间作用。冯科和曾德明（2018）以中国汽车产业的专利和标准数据为研究对象，分析了网络结构嵌入性、技术标准集中度与技术融合之间的关系，发现网络结构嵌入性既对技术融合具有直接作用，又能通过技术标准集中度发挥性质各异的间接作用，且龙头企业对网络中技术融合的可持续发展具有积极影响。刘晓燕等（2019）以 OLED 产业为研究对象，通过构建基于组织网络与技术网络的多层网络模型探索创新网络节点间技术融合机制，发现组织间的合作关系不利于技术融合，且组织的"伙伴圈"会限制组织与圈外新技术的融合。此外，曹兴和马慧（2019）发现在技术路径演进和多技术深度融合的共同背景下，新兴技术企业通过持续的知识转移行为，使新兴技术创新网络逐步发展成以多个核心企业为主导的"多核心"创新网络结构。

综上所述，现有研究从技术改进、知识重组及边界模糊等角度探讨技术融合的内涵，并主要采用专利分析方法实现技术融合的测度；相关研究已开始从组织间合作创新网络视角探讨技术融合的驱动因素，发现技术融合过程中具有"伙伴圈""技术领域社群"等子群现象，且龙头企业、核心企业等关键节点在技术融合过程中发挥了重要作用。

6.3.2　网络断层与网络层面的技术融合

网络断层是一条假想的分界线，当成员间在交互创新过程中技术和知识共享有差异时就会产生网络断层现象。合作网络作为各成员间信息交流的重要载体和成员技术创新的重要渠道，其成员的属性、知识和创新能力的差异决定了其合作交互的不同。网络断层的出现，会使个体成员在各个子群之间选择一个自己所认同的群体进行站队，从而产生"子群内"和"子群外"的认知。当网络断层强度过低时，子群之间的界限并不明显，成员的知识信息比较容易在不同子群之间交流传播，每一位成员都会基于本身所处的环境和面临的问题选择合作对象与合作方式，而当网络断层强度过高时，这种合作交流可能会被阻碍。因此，本研究认为，网络断层会影响网络层面技术融合，随着断层强度的加深，不利于整体网络技术融合的提高。

一方面，由于网络断层的出现，将网络分割成多个信息较为同质的子群体，子群与子群之间可能存在沟通障碍，这可能会导致子群之间的知识交流减少，进而加深子群与子群之间的分化，子群内部凝聚力加强，进而使子群间存在敌对效应，子群与子群之间的信息交流会减少，相关技术知识和建议的共享减少，网络层面的技术融合可能降低。同时，网络断层也会引起子群之间行为碎片化，导致信息的沟通和交流处于低水平状态，最终会影响组织的创新（赵丙艳 等，2016）。另一方面，为了提高整体网络的技术创新，往往需要不同子群之间的相互配合与沟通，但是不同的子群可能有着不同的目标，并且对于如何实现整体网络的技术创新有着不同的看法，这样子群间成员难以通过合作来完成共同目标，这会影响整个群体的技术融合，使群体的绩效低下。同时，在这些相对独立的子群体内部，各个体成员之间更容易相互理解和产生信任，从而在这些子群内部的成员会产生更多的帮助和合作交流，增强子群内部凝聚力，但是子群体成员之间的关系越密切，群体成员越有可能为了所在子群体的利益而忽视整个群体目标的实现。总之，网络断层的产生可能会影响子群之间的信息交流，提高沟通成本，这会影响网络层面的技术融合，当网络断层效应越强时，这种影响会更深。

6.3.3　网络断层与子群层面的技术融合

网络断层所产生的子群结构会影响技术融合（施萧萧 等，2021），通过子群内特定合作伙伴间的信息交流积累关键知识，随着时间的推移，子群结构运行过程中产生了广泛的知识溢出效应，网络内成员特定技术领域的信息交流与传递有所提升。随着子群内部成员间的合作越来越频繁，合作伙伴之间在文

化、管理体系、能力及弱点等方面都有了更加深入的了解，子群内部成员的频繁沟通使得企业边界模糊化，个体层面的技术融合行为逐渐向子群层面的技术融合行为转变。合作网络中成员前期合作关系的存在促进了更加密切的合作关系，从而使得创新网络内部存在多个子群。消除子群内部成员间信息沟通的障碍，有利于知识流动，促进技术融合。

（1）网络断层-子群凝聚性-技术融合

首先，在子群形成的过程中，内部成员间关系密切程度很高，局部网络节点间的有效关系和深度聚集会影响企业的技术创新水平，信息流动通过子群内部成员间的直接或间接接触及子群内部的凝聚性实现（Duysters et al.，2003），同时，企业与先前成员在建立合作关系时投入了大量的时间与精力，增强了子群内部成员间的信任度。信任在合作过程中至关重要，被认为是战略合作关系中的关键要素之一，合作伙伴之间所建立的信任保障减少了双方的合作风险。

其次，企业在短期内不太可能去改变交易伙伴，无形中增强了组织间合作的宽度与深度，有利于对技术融合产生推动作用的知识流动及共享。同样，社会认同理论指出相似性可以诱导成员间相互吸引，促进知识交流，从技术角度来看，成员需要通过合作获取合作伙伴的技术能力，因此，它们更加倾向于在密切相连的子群内部通过本地搜索拓展现有的知识网，在现有合作关系的基础上进行知识交流，分享技术内容的相似性。子群成员间频繁的互动，加速信息资源的流动，使得嵌入在子群内部的成员能够获取丰富的信息资源，同时也会导致组织获得更多的隐性知识（赵炎 等，2019），促进个体层面技术融合，值得关注的是，随着企业间的持续互动所产生的信任将企业边界模糊化，个体层面的技术融合行为转向了子群层面的技术融合行为，子群凝聚性越强，内部知识交流越频繁，子群层面技术融合越强。

最后，随着子群凝聚性越来越强，合作伙伴之间频繁地面对面接触，彼此越来越熟悉，导致内部成员间较为牢固的关系直接影响彼此，在给组织带来了创新资源的同时也带来了伙伴约束。子群内部成员间相似性高，知识同质化程度变高，组织与子群内众多合作伙伴建立关系，难免会产生关系冗余，使得子群资源池拥有较多冗余的信息知识。同时，子群成员在网络自身的嵌入惰性、排他性等问题的影响下，参与者往往会面临一些内生约束，这种约束会影响他们寻找新异质性创新资源，这意味着与成员建立联系的合作伙伴会限制成员与其他参与者建立联系，抑制企业获得异质性知识的能力，从而会降低子群内部的知识流动，最终不利于技术融合效率的提升。随着子群凝聚性的增强，子群内部异质性资源减少，知识同质化程度较高，嵌入企业难以获得有用的创新资源，不利于信息交流，降低技术融合效率。同时，考虑到心理群体形成的机制，在多数情况下，个体会比较子群内与子群外成员的能力。例如，个体可能会评估子群内部成员内是否存在外部团队成员，这会增加子群内部成员间的不信任，企业会有意识地减少自身共享的知识及信息，担心自身核心技术和知识被合作伙伴窃取，子群内部冲突会在子群内产生消极的个体及子群结果。因此，本研究认为，当子群凝聚性很强时，由于知识同质性及内部冲突等原因，会对中观子群层面和个体组织层面的技术融合造成负向影响。

（2）网络断层 – 子群极化 – 技术融合

合作网络中具有明显的"偏好链接"特征，该特征对技术融合具有明显的影响。在子群形成的过程中，内部成员间关系密切程度很高，当子群间产生冲突或具有反对意见时，子群极化发生。企业参与合作网络的过程中存在着明显的"偏好链接"特征，这种"偏好链接"体现在子群间，子群极化程度越高，子群间链接越稀疏。子群式技术知识合作是网络结构及合作规模不断优化的重要方式之一，子群的形成能够增强信息流动的准确性与速度，促进子群内部企业的相互学习和知识流动，对局部技术融合有稳定的作用（李德辉 等，2017）。

首先，子群作为一种约束和治理角色，使得嵌入其中的组织与子群外部的其他组织更具有合作意愿，这是因为子群间的"桥接关系"能够为内部组织提供获取外部资源的机会，丰富组织及子群内部的知识池。技术融合的本质是将多个领域的技术元素结合到一起，创造出一种新的技术，随着子群内部知识池的丰富，为技术融合提供了更多的可能。然而，随着子群间的"桥接关系"的减少，子群极化程度增强，子群间的分隔使得知识流动局限于子群内部，影响子群成员获取外部新颖性知识的效率，阻碍子群与组织的学习与知识共享，降低知识转移的效率，不利于技术融合。

其次，随着子群极化程度增强，子群内成员基于认同理论选择与自身相似的企业建立合作关系，拥有相同的背景、资源及属性等方面，为子群内部的知识同质性提供了基础，企业很难在交互过程中获得新的创意及新思想，当技术融合的主体在获取异质性知识受到阻碍时，会影响企业的技术融合（王宏起等，2020）。同时，随着企业内部技术融合效率降低，子群内部信息流动速率减慢，此外，整体网络由于组织间二元关系分布不均匀导致的子群结构，使得

整体网络分化为多个子群，网络中的信息资源很难进行整合，导致子群行为碎片化，影响子群内的信息流动与知识共享，从而抑制子群层面的技术融合。

最后，随着子群极化程度的提升，子群内外的不信任和不平等被进一步放大，子群间会降低交易的可能性。信任是交往的基础，当子群间出现信任问题时，任何信息资源都被怀疑是具有威胁性的，企业可能会拒绝所有来自其他子群的异质性资源，此外，不同子群可能拥有不同的目标，对信息共享和资源利用的程度也不尽相同，影响技术融合。根据动态能力理论，资源和能力是获得持续竞争优势的来源，强调在适应外部动态环境的变化时，保持长期的竞争优势，必须具有不断获取、整合和利用内外部技术、知识和资源的能力。随着子群极化程度的增强，子群与外部资源接触的机会减少，缺乏充足的资源获取渠道，无法获得外部创新资源，从而抑制中观子群层面和个体组织层面的技术融合。

6.3.4 网络断层与个体层面的技术融合

一些网络成员更倾向于与先前合作过的成员之间建立较强的联系，他们可能基于先前关系中建立的规则和信任而联合起来，这加强了网络成员间的合作关系，当成员间合作关系分布不均匀时，则容易产生网络断层现象，将整体网络分裂为多个子群。

具体来说，一方面，对于位于不同子群之间的成员，由于个体成员先前合作已经建立起了规则和信任，这会使个体成员更难与其他子群的个体成员建立良好合作的基础。位于不同子群的个体成员由于它们之间的联系较为稀疏，而更具竞争力，它们之间的认同感更低。因此，成员合作和愿意分享知识的可靠程度也降低了，这可能会使子群内和子群外的成员间在分享知识方面有所保留，从而导致个体成员保护各自的技术知识，不愿意分享信息（杨毅 等，2018）。随着断层线越来越强，子群与子群之间的矛盾和冲突也逐渐加剧，这使得网络成员不仅要花费更多的精力和时间去整合异质信息和差异化技术，同时还要花费大量的时间和精力去消除子群之间的矛盾冲突，导致成本的提升和创新效率降低。为了避免冲突爆发，子群成员往往会减少彼此之间的接触和信息的交换，因此，成员从其他子群获得的信息减少，当从子群内部获得的相似信息无法满足创新需要时，个体的技术融合就会降低。另一方面，根据社会认同理论，网络成员往往偏好选择在背景、属性等方面相近或相同的成员合作，这为子群内知识的同质化埋下伏笔。对于子群内成员而言，网络断层越强，群之间的对立更加明显，知识交流也会受限，子群内和子群外的不信任会进一步放大，网络断层会进一步阻碍整体网络的技术交流，而子群内的个体成员接收到的知识趋于同质化，难以更新自己的知识库，能够接收到的异质知识将大大受限。

如何发挥断层的积极作用？如何抑制断层的消极作用？

　　本部分将研究如何发挥网络断层的积极作用及如何抑制网络断层的消极作用。现有研究从经纪人、结构洞等视角探讨了核心企业、龙头企业等关键节点在网络断层、子群结构与技术融合关系中所起的协调与沟通作用，部分学者还关注了成员流动和跨群运动带来的影响，但相关研究较少考虑关键节点作为边界跨越者在技术融合过程中的治理作用。我们认为，边界跨越者既能带来积极影响，也能带来消极影响，其治理作用的发挥还取决于边界跨越者自身的属性及能力特征等因素。因此，从属性、位置、权力及动态性等方面系统研究边界跨越者在网络断层影响网络运行结果中的具体作用，有助于揭示边界跨越者在不同层级的协调与稳定等功能，探索边界跨越者的治理机制。通过构建边界跨越者的选择与培育机制、协调机制、稳定机制、协调-稳定匹配机制，能够促进网络断层对创新成果影响的正效应，降低网络断层对创新成果影响的负效应，从而跨越网络断层结构的藩篱，克服跨界协同与创新困境。

第 7 章　网络断层的治理：如何跨越边界

网络断层会产生不同的子群，这些子群仿佛被无形的边界包围着，成员通过边界来区分其他成员在子群内或子群外，以边界划分子群的同时，也阻碍了子群之间的信息交流，增加了子群之间的沟通障碍与隔阂，因此，突破"边界"变得刻不容缓。边界跨越者作为组织间技术沟通的桥梁，可以帮助组织处理来自外部的信息，这可能会抑制网络断层带来的负面效应，促进创新发展。

7.1　边界跨越者理论

边界跨越者是指与外部成员保持联系并将信息传递和扩散给内部成员的组织。边界跨越者处理来自合作伙伴组织的信息，在关系中代表自己组织的利益，并可以将"组织结构与环境要素联系起来"（Saunders et al.，2017）。Williams（2002）通过关注个人在组织间的关系并建立研究框架，实证检验个人能力对组织间有效合作的影响，研究体现出边界跨越者与其他参与者建立良好沟通的重要性。Birkinshaw 等（2017）从考察总部高管的权力及能力方面入手，认为公司总部高管在各个子公司之间扮演边界跨越者角色，在子公司之间起到缓解关系、促进交流的作用。随后，对边界跨越者的研究从群体中的个人向组织发展，从组织视角探索了边界跨越者的作用机制。Goes 等（1997）认为组织代表可以通过跨越边界为组织间成员提供知识交流的机会，同时也可以促进组织内和组织间技术、经验的交流和扩散，有利于知识创新。以工会代表为边界跨越者，通过案例分析，我们发现企业在收购合并后，工会代表在各个不同的群体之间起到共享知识、促进收购、减轻合并组织内部和合并组织之间冲突的作用。余谦和刘嘉玲（2018）发现创新网络具有无标度性和高集聚性特征，

且核心企业能够吸引企业集聚，具有桥梁和纽带作用。综上所述，关于边界跨越者的研究非常丰富，从个人到组织均体现了边界跨越者的不同功能，从文献综述中可以看到，无论是整体创新网络还是网络中的成员，作为独立能动的创新主体，既有主体本身的内在属性，又有其本身的能动性，两者在创新过程中都有各自的优势所在，因此，本研究从静态和动态两方面对边界跨越者进行探讨。

Cooper 和 Fox（2014）将边界跨越者定义为被指定跨越群体边界的人，以便在被分离的党派之间建立共同的目标与使命。Goes 等（1997）认为组织代表可以通过跨越边界来传输技术信息，进而促进组织间成员的信息汲取，同时也可以促进组织内和组织间技术交流和扩散。更有学者从不同角度对边界跨越者进行了探讨，Tushman 和 Scanlan 等（1981）从个人方面考虑，认为只有与群体内部和群体外部均有较好的联系的个人才可能成为跨越边界的人，他们在群体当中技术能力往往是比较强的，并且能有效地将内部与外部的环境联系起来。Williams（2002）认为边界跨越者的特点是能够与他人接触，并具有部署有效的关系的能力，需要了解他们自己圈子以外的人和组织，并承认和重视其他组织的文化、思维、角色等。从组织间层面对边界跨越者进行研究，我们发现网络断层会影响新成员加入组织间合作的可能性，而网络成员的权力特征会改善网络断层的负面影响，具有较强经验和地位的新成员可以成为协调不同子群的"边界跨越者"，从而加强网络断层的正面影响。在子群结构方面，Baum 等（2010）发现具备位置优势（如结构洞）的企业会通过建立跨群连接，使不同子群的知识得以在网络中流动。Sytch 等（2014）从网络子群视角探讨了群体内部成员的跨群运动和成员流动及企业网络位置对企业绩效的影响，认为群体成员适度的跨群运动和成员流动对企业的绩效有积极作用，这为边界跨越者的研究提供了新的思路。

从边界跨越者的静态特征和动态特性两方面来考察，具体来说，边界跨越者的静态特征是指网络成员利用其独特的网络位置、知识权力及属性差异，增加与其他成员交流合作的次数，并起到桥接的作用；边界跨越者的动态特性是指网络成员的跨群运动，通过网络成员跨越不同子群，不断从外部环境获取技术信息以保证群体信息及时更新。综上所述，边界跨越者在吸收其他群体技术信息的同时，也可以将所在群体的信息传递到群体外部，从而在组织之间起到桥梁的作用。

7.2　边界跨越者的静态特征

7.2.1　网络位置对网络断层与技术融合之间的调节作用

从创新网络视角来看，网络成员的网络位置往往影响着其可调配的创新资源（陈祖胜 等，2018）。一方面，具有较好网络位置的成员会掌握更多的技术信息，对网络内成员具有一定的带动作用。具体来说，当成员处于网络核心位置时，与其他成员进行交互和交流的经验和次数也会增多，掌握更多的信息、知识和资源，也就意味着该成员相对于其他网络成员具备更高的行业地位、网络声望，因此具有更高的非正式权力和吸引力，能够多渠道汲取更多有利于提高技术融合的重要信息。另一方面，具有较好网络位置的成员拥有较多的技术信息，吸引网络中其他成员与之交流的同时也缓解不同群体之间的矛盾。网络成员网络位置的优劣是由成员在网络中的能力与功能决定的，是与其他成员进行交互累积产生的，能反映出成员在网络中的地位。拥有较好网络位置的成员具有较高的权力并获得更多的信任，会有更多的网络成员愿意与之建立联系（Gnyawali et al.，2001）。位于不同网络位置的网络成员，在获取战略资源和技术信息时具有不同的机会和经验。当成员具有的网络位置优势较高时，会掌握更多的资源，在与成员交往中往往有更高的话语权与声望，可以比其他企业更及时率先获取和掌握所需技术信息，在提高自身技术创新的同时，也与其他成员建立跨群联系，促进子群之间的信息交流。除此之外，具有网络位置优势的成员能够协调组织间冲突，促进组织之间的信任，提高成员退出合作的机会成本，进而缓解网络断层对技术融合的不利影响。也就是说，当网络成员的位置优势越明显时，其声望就会越高，掌握的资源就会越丰富，在网络中越容易成为明星节点，对知识和技术的流通具有推动作用。

综上所述，网络位置在网络断层与技术融合之间的作用主要体现在以下两个方面：一方面，拥有较好网络位置的成员由于其独特的能力与功能，可能使子群内外的成员与之进行交流，在不同子群间起到中间人的作用；另一方面，较好的网络位置意味着其合作机会更多，技术信息获得更多，同时也给予群体内成员更多的知识，对各成员的技术融合有促进作用。

7.2.2　知识权力对网络断层与技术融合之间的调节作用

社会网络理论指出，由于网络中持续的信息流动，使处于网络中的创新主体更容易接收到异质知识，进而促进知识和信息的交换，同时，网络中的创新行为主体的知识流动也能加强网络关系，以此促进知识和其他资源共享，因此，技术信息能够在网络中得以流动是技术创新最为关键的环节（Maskell et al.，1999）。边界跨越者的知识权力对网络断层与技术融合的调节作用主要体现在以下两个方面：一方面，网络中处于弱势的个体更倾向于与较强的个体合作或求助，在获得这种好处的同时也赋予了较强个体相对较高的权力。较高的知识权力会对网络造成一定的影响力，具体来说，个体成员的知识权力有助于促进深层次知识交流，提高企业间的知识流动效率（王伟光 等，2015），这会有效减弱网络断层产生的负向效应。另一方面，子群中个体拥有较高的知识权力，对网络中其他成员有一定的控制力，可以缓解由于网络断层造成的信息沟通不畅，同时规范群体内的机会主义，保护成员的创新成果，营造良好的创新环境，降低创新风险，提高创新效率。

综上所述，拥有较高知识权力的成员，一方面，可以吸引子群内外的成员与之交流，进而促进子群之间的交流，同时汲取更多的知识权力，来反哺子群内的成员，最终提高成员的技术融合；另一方面，当成员知识权力较高时，则拥有更高的话语权及行业威望，可以降低群体内的机会主义，营造良好的创新环境，最终促进成员层的技术融合。

7.2.3　属性差异对网络断层与技术融合之间的调节作用

网络中成员除了具有相应的位置优势和知识权力以外，从其属性方面进行分析探究，边界跨越者不同的属性，可能也会影响其对网络断层与技术融合之间的治理关系，具体分为"产、学、研"三个不同属性。"产"一般指企业、产业，企业作为生产转化方，是将技术知识转化为成果的加工厂，及时掌握前沿的技术信息为企业的创新产出提供了潜在的帮助，因此，企业更渴望与其他成员进行合作。企业通过合作可以从大学和科研机构吸收更多的知识（王同旭 等，2013），这也能促进与子群之外的成员建立联系，在边界跨越者缓解网络断层和技术融合方面起到巨大作用。"学"一般指高校，高校的市场化经营与开发能力比较薄弱，因此，高校的创新活动需要与其他创新主体进行沟通协作（吴军华 等，2012），处于子群内的高校则需要更加主动地与子群内或子群外的其他成员建立联系，但是，高校往往习惯性地服从教育管理部门的计划性安排，对于社会发展情况不能及时捕捉，较难在人才培养和科研方向等方面灵活做出调整，面向市场服务经济与竞争合作的意识薄弱，因此，合作的意愿不高，难以促成不同个体之间的交流，对网络技术创新作用有限。"研"一般指科研机构，当一个城市具有强烈的创新诉求时，一般会创立科研机构，并且是以当地产业发展需求为建立基础，为地方经济发展提供人才培养、科技支撑、成果转化等智力支持，但实际上，大多数研究院很难与其他成员积极合作，在网络断层对技术融合产生的负效应中发挥作用不明显。

7.3　边界跨越者的动态特征

资源和信息的共享对技术创新来说至关重要。在合作网络中，网络断层将整体网络划分成多个不同的子群体，如果成员长时间处于同一子群，成员获得的几乎都是同质知识，不利于整体网络的创新。此时，需要成员跨越不同群体，从一个网络子群到另一个网络子群，跨越子群的边界，进而获得不同的知识输入。Sytch 和 Tatarynowicz（2012）认为社群间的移动行为是组织追求优质资源或机会的适应性结果。因此，成员之间较高的跨群运动比率更容易更新群体知识库。关于边界跨越者动态特性的调节作用，我们从网络成员的跨群运动方面来进行描述。组织跨群运动是指网络中成员在交互过程中具有择优性选择偏好，这种偏好会使网络中产生较多合作关系的核心组织，而这些核心组织在子群演化过程中会与其他不同类型成员合作，使其不仅兼具不同子群的属性，还有利于在不同子群间建立桥接关系（Dekker et al.，2019）。跨群运动是指成员通过跨越不同的子群去获得不同的知识输入，从而帮助成员保持一个强大的知识库来产生新的想法，而不是长时间停留在同一个子群内。具体作用可从以下两个方面来分析：一方面，由于成员在不同子群之间流动，访问不同的知识池，这可能会促进不同群体之间信息、资源和技术的传播，促进网络的融通。一个更异质的知识池意味着成员可以获得更多不同的技术信息，从而提高在创新方面的能力。另一方面，跨群运动会增加潜在的可合作成员，提高成员的可

合作机会，同时也会丰富成员的想象力，成员会将这种机会与技术带到群体内，进而提高整体网络的创新。

在合作创新网络中，组织跨群运动能够增强网络断层对子群凝聚性的影响。首先，组织跨群运动能够获取丰富的创新资源，提升组织的资源整合能力，使子群内部成员在创新过程中更专注于精炼和重组现有知识资源（Paruchuri et al.，2017）。其次，组织跨群运动能够增加子群间的关系形成，降低维护伙伴间关系的成本，有利于子群间成员合作的连续性和成员凝聚性。最后，组织跨群运动促使组织在与不同子群内的成员合作的同时还兼备多个子群的属性，使组织获得不同子群内部成员的认同。这种认同感会促使成员间相互信任，减少内部冲突的发生，进一步增强群体内部凝聚力（李健 等，2018）。由此可见，组织跨群运动对群体内活动有着显著的影响，组织频繁的跨群运动会增加子群间成员的联系和信任，降低群体内认知的多样性。因此，网络断层强度越高，组织跨群运动越容易促进子群间合作密切且具备相似属性的成员形成高内聚的子群。

具体而言，组织跨群运动突破子群间界限，跨群运动的组织充当边界跨越者，有助于减缓网络断层与子群极化之间的正向关系。首先，借助跨群边界的优势，跨群运动的组织能够使不同子群内的成员展开合作，在一定程度上有利于网络子群间桥接关系的形成，降低强网络断层对子群间知识流动和知识共享造成的困难，进而减轻强网络断层在子群结构上的隔离。其次，组织跨群运动获取了不同子群内多样化的知识，容易激发子群内部成员的创造力，避免子群内部同质化，促使子群内成员与其他伙伴建立合作关系。最后，组织跨群运动将子群内外的成员建立合作关系，能够提高子群间经验共享的程度，防止破坏性分裂进一步发生（Rosenkopf et al.，2001）。因此，组织跨群运动越频繁，不同子群内成员拥有的相似属性越多，成员间的联系会越频繁，不同子群相互融合的趋势会增强，从而降低网络中子群林立的程度。

综上所述，网络成员跨群运动的作用主要表现在以下两个方面：一方面，网络成员跨群运动可以在不同子群之间获取有利信息，使知识在网络中得以顺畅流通；另一方面，网络成员的跨群运动可以将异质知识吸收到子群内部，提升整体网络的创新动力，有利于技术融合。

7.4　治理机制

7.4.1　协调性治理机制

网络结构在现实中大多数都表现出明显的小世界特性，即局部区域交流密切、聚集度高和跨越局部区域的稀疏联系的组合，这种网络可能会由无形中的网络断层划分为多个内部聚集的子群。

由于网络断层的作用，合作创新网络分化成多个内部同质、彼此异质的子群，子群内成员往往会倾向于信任群内组织。当网络断层的作用较强时，子群内部成员和子群外部成员之间的身份界限变得更加明晰，子群内外极易产生偏见和不信任，甚至是敌意，影响创新主体的深度融合和产业中各组织的技术创新。但是，本研究认为子群现象的这种负面影响在网络中心位置的作用下将得到缓解。因此，在创新网络的治理中应该充分考虑处于中心位置节点的关键作用。也就是说，利用跨界协调者在沟通桥梁与信息传播、群际联系与关系协调等方面的优势，建立跨群沟通桥梁保持整体目标协调统一，解决网络断层造成的脆弱性问题。

当某些节点具有较高的中介中心度，处于连接网络成员对间的路径上，并且拥有大量的网络联系时，这意味着节点既可以提供更多的知识资源，又能从参与协作的所有伙伴企业汇集其知识从而形成巨大的知识池，在不同子群间起到协调作用。同时，处于网络中心位置的组织在控制网络成员技术和知识的差异性方面表现较好。处于中心位置的企业更多拥有多样化的合作伙伴，识别与整合来自不同组织的知识与资源并促进其伙伴成员彼此间的交互。这代表中心节点具有较强的知识权力，利用知识权力在规范协调方面的优势，促使网络形成稳定的中心/外围网络分布，有助于缓解网络断层带来的子群间冲突与不信任问题，继而解决网络中的跨组织融合困境。

7.4.2　稳定性治理机制

由于创新网络中各创新主体的合作关系强度不均匀及组织在身份、地理和知识上的属性差异，会引起网络内部分化。因此，创新网络外在表现为小世界

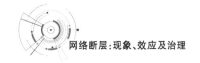

现象。当网络成员的合作关系强度分布不均匀或创新主体属性相似度差异较大时，会使得网络被划分为子群的程度不断加大，同时子群间相对独立的程度也越来越高。

此时，子群内部存在相对完善的信任机制，成员间关系的紧密性降低了信息不对称发生的概率，提高成员间的知识交流效率并进一步确保网络创新主体间更深层次的合作与交流，网络节点间建立联系呈现出一定程度的择优连接性。但是，子群间的凝聚力受到网络断层的限制，子群内外成员企业的不信任和不平等感被进一步放大，阻碍了广泛的交流和间接互惠的规范。由于不信任情绪在子群间蔓延，成员分享隐性知识的意愿也因此大打折扣，也导致知识搜索成本大大增加，阻碍合作组织的深度融合。在此基础上，需要利用创新网络中子群的共同第三方在资源识别与整合、目标协同等方面的优势，促进网络优化配置，解决网络断层造成的分裂性与同质化问题，确保网络稳定性。

创新网络的参与者或管理者需要正视网络中存在的子群现象，对于网络创新主体间存在的差异性，网络参与者需要及时调整。因为这些差异决定了网络成员分享知识的程度，一些组织占据网络中心位置或拥有精良的技术和知识资源，如国家电网公司、清华大学等。因此，在网络治理过程中，需要进一步提高这些成员所掌握的知识权力。通过控制和调整这些表现优异的非冗余节点，利用其桥接作用和声誉、地位促进组织间的进一步合作，使创新网络即使在网络断层的作用下也能实现跨组织的深度融合。

7.4.3 结构化治理机制

边界跨越者的结构化治理机制着重于建立有效的组织结构和流程，以促进信息传递、决策制定和资源调配。在这种机制下，边界跨越者的任务是设计和实施适当的沟通渠道和协作机制，确保信息能够在组织内部自由流动，决策能够及时做出，并且资源能够有效配置。

边界跨越者的结构化治理从以下几个方面展开：第一，组织架构与分工合作。在网络断层引发网络分裂成多个子群时，帮助各个子群设立明确的组织结构，包括高知识权力圈层、边缘组织等，确保各个层级之间的协调与配合。确定每个成员在群体中的职责和任务范围，避免工作重叠和责任不清。协助子群建立协同作业机制，促进各子群和团队之间的合作与协调，实现资源共享和信息流畅。第二，信息流动与知识共享。建立统一的信息平台，包括群体内部通信工具、协作平台等，方便成员之间的信息传递和沟通。创建知识库或文档中心，收集整理相关知识和经验，为成员提供参考和学习资源。组织定期的交流会议、培训活动等，鼓励成员分享经验和技术，加强团队之间的交流与合作，避免网络断层所带来的网络结构分裂，进而使成员不愿进行信息交流与分享的危机，影响网络中成员的创新绩效。第三，技术支持与创新驱动。为非中心组织的成员提供技术培训和支持服务，帮助成员掌握新技术和工具，提升工作效率和质量。社群间的移动行为是组织追求优质资源或机会的适应性结果。因此成员较高的运动比率更容易更新群体知识库，边界跨越者引入新的工作方法和创新工具，如项目管理软件、协同编辑工具等，促进团队创新和提高工作效率。边界跨越者应该积极开展技术研究和应用，探索前沿技术在实际工作中的应用价值，推动团队技术水平不断提升。通过以上措施，边界跨越者可以有效地引导和推动网络治理机制的建立和运行，实现网络结构的优化与改进，提高网络的整体运行效率和协作效果。

结束语

技术创新网络中普遍存在着子群现象。现有研究多通过计算机算法直接对网络数据进行子群识别，考察子群的结构特征给技术创新网络运行过程和结果带来的影响，对子群的前置因素（子群的形成问题）缺乏探索。本书引入网络断层概念，以探讨子群形成的相关问题。网络断层概念是团队层面的断层理论在组织间网络层面的扩展，"群体内"与"群体外"的子群问题是断层研究的重点内容。在组织间层面的相关研究中，学者们也认为断层通过形成子群而影响网络运行结果。因此，除了探索子群的前置因素外，本书还探讨了网络断层如何通过形成子群影响技术创新。本书的创新点如下。

第一，将断层概念扩展至技术创新网络层面，并基于伙伴选择理论从成员属性与成员间关系两个方面探析了网络断层的内涵与构成，丰富了断层理论，也为伙伴选择相关研究提供了新思路。

尽管断层研究日渐丰富，但目前的研究仍主要集中在个体间群体和组织层面，以企业间群体为研究对象的断层理论仍相对不足。Thatcher 和 Patel（2012）曾呼吁学者们将断层理论扩展至更广泛的研究领域，如联盟、社会网络等。为了响应这个号召，Heidl 等（2014）首次将个体间群体层面的断层理论扩展至组织间层面的多边联盟研究中，该研究从关系嵌入性视角提出分裂断层概念，为开展组织间层面的断层研究奠定了基础。随后，Zhang 等（2017）在此基础上将断层理论引入风险投资网络研究中，虽然该研究使用"网络断层"这一术语，但本质仍是基于关系嵌入性的断层概念。这些研究为断层理论在组织间群体层面的扩展起到了非常重要的作用。但是，现有研究仅从关系嵌入性角度对断层理论进行了扩展，并没有从更广泛的角度对组织间层面的断层理论进行内涵与构成方面的系统解析，也没有清晰地给出定义，这限制了断层理论的进一步扩展。因此，为了弥补这些不足，本书做了两方面的工作：一方面，基于 Heidl 等（2014）的研究，将网络断层定义为"成员间共享经验的程度差异而引起的整体网络内部分化倾向"。从现有文献可以发现，无论是从个体间属性角度开展研究的团队断层概念，还是从企业间关系角度开展研究的分裂断层概念，其核心或本质都是基于群体成员的共同经验和相互认同。群体成员对彼此经验的相似性和差异性的认知，是群体成员聚合并产生断层的基础。另一方面，基于伙伴选择理论，将网络断层划分为属性型断层与关系型断层。无论是基于成员属性的间接经验共享，还是基于成员间关系的直接经验共享，都与个体或组织的伙伴选择过程有关。团队断层的研究过分强调个体间属性的聚合，忽视了其他能够引起经验共享的因素。Heidl 等（2014）的断层研究则主要关注组织间关系，没有考虑属性等其他因素。伙伴选择理论是研究网络形成的基础，现有研究主要从资源基础观（重视网络成员的多样性属性和特征）和网络嵌入论（重视网络成员之间的现有关系模式）两种视角对伙伴选择过程进行探讨。这也分别对应了强调属性的团队断层和强调关系的分裂断层理论。综合断层及伙伴选择等多方面研究，本书将网络断层概念划分为属性型断层与关系型断层具有一定的合理性与普适性。通过以伙伴选择理论为基础对网络断层概念的内涵与构成进行解析，能够为断层理论在组织间网络层面的进一步扩展奠定重要基础，同时也为伙伴选择相关理论的发展提供了更广泛的研究空间。

第二，从网络断层角度揭示了技术创新网络中子群结构形成和发展的内在原因，这在一定程度上弥补了子群形成研究的不足。

技术创新网络中普遍存在着子群现象，现有研究已经认识到这种中观子群结构会对网络运行结果产生重要影响。但是，现有研究多通过计算机算法对收集的数据直接进行子群识别，强调子群结构对网络行为和绩效的影响，而较少讨论网络子群结构形成和发展等一系列动态过程的内在机制。另外，断层相关研究多将子群问题作为分析其作用的重要途径，少有研究探讨断层与子群间的实际关系。本书综合这两方面研究，将网络断层视为技术创新网络中子群结构形成的前置因素，进而证实了网络断层对子群结构形成的重要影响，并发现不同类型的网络断层对子群结构形成的影响具有差异性。这在一定程度上说明网络断层就是网络子群结构形成的重要原因。同时，无论是属性型断层还是关系型断层，都是技术创新网络在整体网络层面的固有属性特征，只是不同的网络中断层的强度存在差异。通过本次研究，不仅解决了现有研究对子群结构前置因素探索不足的问题,而且明晰了断层与子群之间的实际联系,并探讨了能够触发网络断层效应的条件机制。此外,由于资源基础观与网络嵌入论两种视角相对独立,网络形成的相关研究很少同时考虑这两类变量,并且这些研究大多停留在组织间二元关系层面,从整体网络角度解释网络动态过程的研究较少。本书将资源基础观与网络嵌入论提升至整体网络层面(网络断层概念),探讨了这两类变量(两类网络断层的交互)对整体网络动态过程的共同影响。

第三,以"断层—子群—结果"为逻辑链条,构建网络断层影响技术创新的理论框架,通过整合网络断层与凝聚子群理论,从结构层面揭示了断层在技术创新网络中发挥作用的原理。

由于组织间网络层面的断层研究刚刚起步,目前对网络断层的效应仍不清晰。从少量的现有研究看,Heidl 等(2014)和 Zhang 等(2017)均认为企业间群体中的断层会导致子群或派系的形成,进而对群体产生负面影响。与组织间层面的断层研究不同,个体间群体层面的断层研究非常丰富,但断层会对群体绩效产生什么样的影响并没有统一的结论。总体而言,这些研究从不同角度给出了积极影响、消极影响和没有影响三种结论。在这些研究中,无论是个体间群体的断层研究,还是组织间群体的断层研究,学者们在分析断层效应时,都无法回避子群问题的重要性。学者们都默认子群问题是断层产生的伴随性问题,即断层会通过产生子群问题而影响群体绩效,但较少对断层与子群间的联系作出进一步分析。我们认为,网络断层是技术创新网络的一种固有属性特征,它能够通过形成子群问题来影响创新绩效,但这种子群问题与现实中形成的中观子群结构可能存在差异,因为"群体内"与"群体外"的子群问题也可能是一种主观认知,并不一定能够完全通过实际的合作关系来反映。要厘清网络断层和绩效之间的关系,必须将子群结构作为独立变量并纳入同一框架进行分析,而不是默认子群是网络断层产生的伴随效应。因此,本书通过构建"断层—子群—结果"的理论框架,来检验网络断层是否能够通过子群结构影响网络运行结果。经研究发现,网络断层确实能够通过形成子群结构间接影响技术,但不同类型网络断层的影响作用存在差异。这也说明从网络拓扑图中识别的子群结构,只是网络断层效应发挥的结构层面的显性途径,其他层面如认知和行为等层面更为隐性的途径仍有待进一步地深入探索。经研究发现,网络断层产生的子群结构会带来"群体内"与"群体外"的子群问题。一方面,通过

提高群体内的凝聚力，网络断层能够促进群体内的知识共享和合作效率，有利于技术创新；另一方面，加剧群体间的隔离会阻碍群体间的知识流动，并导致群体间竞争和冲突等问题，进而阻碍子群间合作，不利于整体网络技术创新。

总体上来看，本书具有一定的理论创新性与现实意义，但本书也存在一定的局限性，尽管将网络断层划分为属性型断层与关系型断层，这种划分方法既考虑了结构变量（关系模式）的内容，也涵盖了构成变量（属性特征）的内容，符合网络研究中的主流观点，但仍没有考虑到所有能够影响伙伴选择过程的因素，如企业作为行动者的认知、态度和偏好等。此外，即使本书用网络多样性属性作为属性型断层的基础，但也仅考虑了身份、地理和知识这三种属性，还有其他的自然属性和非自然属性没有考虑，如企业的创新能力、信息加工水平等因素。理想的做法是既考虑客观的属性特征，也考虑主观的属性特征；既考虑自然属性，也考虑非自然属性。因此，未来的研究可以从以下几个方面展开。

第一，网络断层形成的影响因素有哪些？目前的相关研究大多集中在团队层面和组织层面，组织间和网络层面的研究不足。组织与个体虽有一定相似性，但在特征和行动等方面仍然存在较大差异。因此，寻求网络断层形成的影响因素是首先需要解决的问题。

第二，网络断层在技术创新网络中的表现形式如何？为了体现网络断层与团队断层的不同，进一步的研究需要利用社会网络分析与可视化工具等方法，以清晰地展示网络断层在技术创新网络中的具体表现。尽管本书在网络断层的可视化方面做出了一定的探讨，但是对于网络断层在不同网络中表现的探讨，如知识网络、产业融合网络中的断层现象及其作用等方面比较欠缺。

第三，网络断层的效应及作用条件。除了直接作用以外，网络断层还通过哪些因素影响网络运行过程和结果？网络断层如何塑造整体网络的动态演化？如何影响个体组织的伙伴选择？进一步的研究需要探索网络断层影响网络结构、网络运行过程和结果的作用路径。本书主要分析了网络断层通过子群结构影响网络运行结果的间接效应，但子群结构并不是网络断层效应发挥的唯一途径。因此，未来研究可以考察企业行动者之间由认知、态度、偏好和能力等因素引起的网络断层现象，以及这类网络断层对企业间合作行为和结果的影响。此外，未来仍需继续探索网络断层发挥作用的路径与条件（如环境、突发事件、市场发展），考虑网络断层的影响随时间变化的动态过程。

第四，网络断层作用下的网络治理问题。网络断层在很大程度上通过引起"群体内"与"群体外"的子群问题来影响网络运行结果，这种影响既有积极的一面，也有消极的一面，那么，如何解决这种子群问题并发挥其积极作用，抑制其消极作用，就成为治理网络断层效应的突破口。在实际的创新网络中，某些关键节点可能同时与多个不同群体保持合作关系，通过这些关键节点可以在不同群体间建立信息和知识流动的桥梁，从而起到很好的协调和促进作用。因此，未来的研究可以关注这些关键节点，进一步深入探讨如何发挥核心企业的关键作用，如何维持网络的稳定性和协调性，如何在生态竞争中促进关键核心技术的突破，进而为治理网络断层效应提供切实的指导。

参考文献

［1］ 曹兴，马慧.新兴技术"多核心"创新网络形成及仿真研究［J］.科学学研究，2019，37（1）：167-176.

［2］ 陈文婕，曾德明，陈雄先.丰田低碳汽车技术合作创新网络图谱分析［J］.科研管理，2015，36（2）：1-10.

［3］ 陈祖胜，叶江峰，林明，等.联盟企业的网络位置差异、行业环境与网络位置跃迁［J］.管理科学，2018，31（2）：96-104.

［4］ 党兴华，张巍.网络嵌入性、企业知识能力与知识权力［J］.中国管理科学，2012，20（S2）：615-620.

［5］ 翟东升，蔡力伟，张杰，等.基于专利的技术融合创新轨道识别模型研究：以云计算技术为例［J］.情报学报，2015，34（4）：352-360.

［6］ 冯科，曾德明，周昕.技术融合的动态演化路径［J］.科学学研究，2019，37（6）：986-995.

［7］ 冯科，曾德明.协作研发网络结构嵌入性，技术标准集中度与技术融合［J］.系统工程，2018，36（6）：1-12.

［8］ 冯泰文，李一，张颖.合作创新研究现状探析与未来展望［J］.外国经济与管理，2013，35（9）：72-80.

［9］ 贯君，徐建中，林艳.跨界搜寻、网络惯例、双元能力与创新绩效的关系研究［J］.管理评论，2019，31（12）：61-72.

［10］ 吉迎东，党兴华，弓志刚.技术创新网络中知识共享行为机制研究：基于知识权力非对称视角［J］.预测，2014，33（3）：8-14.

［11］ 李德辉，范黎波，杨震宁.企业网络嵌入可以高枕无忧吗：基于中国上市制造业企业的考察［J］.南开管理评论，2017，20（1）：67-82.

［12］ 李健，余悦.合作网络结构洞、知识网络凝聚性与探索式创新绩效：基于我国汽车产业的实证研究［J］.南开管理评论，2018，21（6）：121-130.

［13］ 李琳，张宇.地理邻近与认知邻近下企业战略联盟伙伴选择的影响机制：基于 siena 模型的实证研究［J］.工业技术经济，2015（4）：27-35.

［14］ 李玲.技术创新网络中企业间依赖，企业开放度对合作绩效的影响［J］.南开管理评论，2011，14（4）：16-24.

［15］ 李培哲，菅利荣，刘勇.卫星及应用产业产学研专利合作网络结构特性及演化分析：基于社会网络视角［J］.情报杂志，2018，37（11）：55-61.

［16］ 林明，任浩，董必荣，等.代工依赖、跨界联结对集群内企业探索式创新绩效的影响机制［J］.预测，2014（1）：21-26.

［17］ 刘传建.复杂网络中的社团结构划分及分析应用［D］.济南：山东大学，2014.

［18］ 刘嘉楠，张一帆，孙玉涛，等.我国创新体系建设的路径选择：产学研合作网络演化进程及连接模式［J］.价格理论与实践，2018（12）：155-158.

［19］ 刘军.整体网分析：Ucinet 软件实用指南（第二版）［M］.上海：格致出版社，2014.

［20］ 刘晓燕，王晶，单晓红，等.基于多层网络的创新网络节点间技术融合机制［J］.科学学研究，2019，37（6）：1133-1141.

［21］ 刘晓燕，王晶，单晓红.基于 TERGMs 的技术创新网络演化动力研究［J］.科研管理，2020，41（4）：171-181.

［22］ 刘颖琦，王静宇，ARI K.产业联盟中知识转移、技术创新对中国新能源汽车产业发展的影响［J］.中国软科学，2016（5）：1-11.

［23］ 娄岩，杨培培，黄鲁成.基于专利的技术融合测度方法及实证研究［J］.科研管理，2019，40（11）：134-145.

［24］ 栾春娟，王续琨，侯海燕.发明者合作网络的演变及其对技术发明生产率的影响［J］.科学学与科学技术管理，2008（3）：28-30.

［25］ 罗吉，党兴华.我国风险投资机构网络社群：结构识别、动态演变与偏好特征研究［J］.管理评论，2016，28（5）：61-72.

［26］ 吕一博，聂婧斐，刘泉山，等.产业技术群体分化对创新扩散的影响研究［J］.科研管理，2020，41（5）：78-88.

［27］ 吕一博，韦明，林歌歌.基于专利计量的技术融合研究：判定，现状与趋势：以物联网与人工智能领域为例［J］.科学学与科学技术管理，2019，40（4）：16-31.

［28］ 其格其，高霞，曹洁琼．我国ICT产业产学研合作创新网络结构对企业创新绩效的影响［J］．科研管理，2016，37（S1）：110-115.

［29］ 芮正云，罗瑾琏，甘静娴．新创企业创新困境突破：外部搜寻双元性及其与企业知识基础的匹配［J］．南开管理评论，2017，20（5）：155-164.

［30］ 施萧萧，张庆普．网络嵌入对企业突破性创新能力影响研究：以网络分裂断层为调节变量［J］．科学学与科学技术管理，2021，42（1）：90-109.

［31］ 孙永磊，党兴华．基于知识权力的网络惯例形成研究［J］．科学学研究，2013，31（9）：1372-1380.

［32］ 汤志伟，李昱璇，张龙鹏．中美贸易摩擦背景下"卡脖子"技术识别方法与突破路径：以电子信息产业为例［J］．科技进步与对策，2021，38（1）：1-9.

［33］ 万炜，曾德明，冯科，等．产业创新网络派系演进及其对技术创新的影响［J］．湖南大学学报（自然科学版），2013，40（11）：120-124.

［34］ 王端旭，薛会娟．多样化团队中的断裂带：形成，演化和效应研究［J］．浙江大学学报（人文社会科学版），2009，39（5）：122-128.

［35］ 王海珍，刘新梅，张永胜．派系形成对员工满意度的影响及机制：社会网络视角的研究［J］．管理评论，2011，23（12）：116-123.

［36］ 王宏起，夏凡，王珊珊．新兴产业技术融合方向预测：方法及实证［J］．科学学研究，2020，38（6）：1009-1017，1075.

［37］ 王静宇．中国新能源汽车产业联盟发展现状及技术创新模式研究［J］．科技管理研究，2016，36（22）：162-171.

［38］ 王珊珊，邓守萍，COOPER S Y，等．华为公司专利产学研合作：特征、网络演化及其启示［J］．科学学研究，2018，36（4）：701-713，768.

［39］ 王同旭，李玉．探研高校产学研合作机制的实现途径［J］．黑龙江高教研究，2013，31（8）：2.

［40］ 王伟光，冯荣凯．产业创新网络中核心企业控制力能够促进知识溢出吗？［J］．管理世界，2015（6）：11.

［41］ 魏钧，董玉杰．团队断裂带对员工绩效的影响：一项跨层次研究［J］．管理工程学报，2017，31（3）：11-18.

［42］ 魏龙，党兴华．惯例复制行为对技术创新网络演化的影响研究［J］．科学学研究，2017，35（1）：146-160.

［43］ 魏龙，党兴华.网络闭合、知识基础与创新催化：动态结构洞的调节［J］.管理科学，2017，30（3）：83－96.

［44］ 吴军华，范福娟，汲巧真.高校研究院的发展模式、价值及问题［J］.中国高等教育，2013（24）：4.

［45］ 杨毅，党兴华，成泷.技术创新网络分裂断层与知识共享：网络位置和知识权力的调节作用［J］.科研管理，2018，39（9）：59－67.

［46］ 叶春霞，余翔，李卫.中国企业间专利合作网络的演化及小世界性分析：基于开放式创新视角［J］.情报科学，2015，33（2）：85－90.

［47］ 于飞，袁胜军，胡泽民.知识基础、知识距离对企业绿色创新影响研究［J］.科研管理，2021，42（1）：100－112.

［48］ 余谦，白梦平，覃一冬.多维邻近性能促进中国新能源汽车企业的合作创新吗？［J］.研究与发展管理，2018，30（6）：67－74.

［49］ 余谦，刘嘉玲.技术邻近动态下创新超网络的演化机制研究［J］.科学学研究，2018，36（5）：946－954.

［50］ 袁剑锋，许治.中国产学研合作网络结构特性及演化研究［J］.管理学报，2017，14（7）：1024－1032.

［51］ 张佳音，罗家德.组织内派系形成的网络动态分析［J］.社会，2007，27（4）：152－163.

［52］ 张焱，邢新欣.基于"情报＋"模式下产业竞争情报价值的实现机制研究：以电子信息产业为例［J］.情报杂志，2021，40（9）：65－72.

［53］ 赵丙艳，葛玉辉，刘喜怀.Tmt认知、断裂带对创新绩效的影响：战略柔性的调节作用［J］.科学学与科学技术管理，2016（6）：112－122.

［54］ 赵红梅，王宏起.R&D联盟网络结构对高新技术企业竞争优势影响研究［J］.科研管理，2013，34（12）：143－152.

［55］ 赵炎，冯薇雨，郑向杰.联盟网络中派系与知识流动的耦合对企业创新能力的影响［J］.科研管理，2016，37（3）：51－58.

［56］ 赵炎，韩笑，栗铮.派系及联络企业的创新能力评价［J］.科研管理，2019，40（1）：61－75.

［57］ 赵炎，栗铮.适度站队：派系视角下创新网络中企业创新与结派行为研究［J］.研究与发展管理，2019，31（2）：102－109.

［58］ 赵炎，孟庆时，郑向杰.对中国汽车企业联盟网络抱团现象的探析［J］.科研管理，

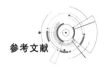

2016（1）：547-557.

［59］赵炎，孟庆时.创新网络中基于结派行为的企业创新能力评价［J］.科研管理，2014，35（7）：35-43.

［60］赵玉林，李丫丫.技术融合，竞争协同与新兴产业绩效提升：基于全球生物芯片产业的实证研究［J］.科研管理，2017，38（8）：11-18.

［61］郑向杰，司林胜.派系与创新：联盟视阈下企业上市融资与创新积累的调节效应［J］.软科学，2021，35（11）：1-13.

［62］AHLSTROM D, LEVITAS E, HITT M A, et al. The three faces of China：strategic alliance partner selection in three ethnic Chinese economies［J］. Journal of world business，2014，49（4）：572-585.

［63］AHUJA G. Collaboration networks, structural holes, and innovation：a longitudinal study［J］. Administrative science quarterly，2000，45（3）：425-455.

［64］AHUJA G, POLIDORO F, MITCHELL W. Structural homophily or social asymmetry? The formation of alliances by poorly embedded firms［J］. Strategic management journal，2009，30（9）：941-958.

［65］AHUJA G, SODA G, ZAHEER A. The genesis and dynamics of organizational networks［J］. Organization science，2012，23（2）：434-448.

［66］ANDERSON A, HUTTENLOCHER D, KLEINBERG J, et al. Global diffusion via cascading invitations：structure, growth, and homophily［C］// Proceedings of the 24th international conference on world wide web. ACM.2015：66-76.

［67］ANDERSSON U, FORSGREN M, HOLM U. The strategic impact of external networks：subsidiary performance and competence development in the multinational corporation［J］. Strategic management journal，2002，23（11）：979-996.

［68］ANN E, WENPIN T. NICHE and performance：the moderating role of network embeddedness［J］. Strategic management journal，2005，26（3）：219-238.

［69］ASHFORTH B E, REINGEN P H. Functions of dysfunction：managing the dynamics of an organizational duality in a natural food cooperative［J］. Administrative science quarterly，2014，59（2）：474-516.

［70］ASHRAF N, MESCHI P X, SPENCER R. Alliance network position, embeddedness and effects on the carbon performance of firms in emerging economies［J］. Organization & environment，2014，27（1）：65-84.

［71］ BAKKER B M. Stepping in and stepping out: strategic alliance partner re-configuration and the unplanned termination of complex projects［J］. Strategic management journal, 2016, 37（9）: 1919-1941.

［72］ BAKKER R M, KNOBEN J. Built to last or meant to end: intertemporal choice in strategic alliance portfolios［J］. Organization science, 2015, 26（1）: 256-276.

［73］ BALACHANDRAN S, HERNANDEZ E. Networks and innovation: accounting for structural and institutional sources of recombination in brokerage triads.［J］.Organization science, 2018, 29: 80-99.

［74］ BALLAND P A, BOSCHMA R, FRENKEN K. Proximity and innovation: from statics to dynamics［J］. Regional studies, 2015, 49（6）: 907-920.

［75］ BARLOW J, BAYER S, CURRY R. Implementing complex innovations in fluid multi-stakeholder environments: experiences of 'telecare'［J］. Technovation, 2006, 26（3）: 396-406.

［76］ BARNEY J. Firm resources and sustained competitive advantage［J］. Journal of management, 1991, 17（1）: 99-120.

［77］ BAUM J A, COWAN R, JONARD N. Network-independent partner selection and the evolution of innovation networks［J］. Management science, 2010, 56（11）: 2094-2110.

［78］ BAUM J A C, CALABRESE T, Silverman B S. Don't go it alone: alliance network composition and startups' performance in Canadian biotechnology［J］. Strategic management journal, 2000, 21（3）: 267-294.

［79］ BAUM J A, COWAN R, JONARD N. Network-independent partner selection and the evolution of innovation networks［J］. Management science, 2010, 56（11）: 2094-2110.

［80］ BECKMAN C M, SCHOONHOVEN C B, ROTTNE R M, et al. Relational pluralism in de novo organizations: boards of directors as bridges or barriers to diverse alliance portfolios?［J］. Academy of management journal, 2014, 57（2）: 460-483.

［81］ BECKMAN C M, HAUNSCHILD P R. Network learning: the effects of partners' heterogeneity of experience on corporate acquisitions［J］. Administrative science quarterly, 2002, 47（1）: 92-124.

［82］ BERMISS Y S, GREENBAUM B. Loyal to whom? The effect of relational embeddedness and managers' mobility on market tie dissolution［J］. Administrative science quarterly, 2016, 61（2）: 254-290.

［83］ BEZRUKOVA K, SPELL C S, CALDWELL D, et al. A multilevel perspective on faultlines: differentiating the effects between group – and organizational – level faultlines［J］. Journal of applied psychology, 2016, 101（1）: 86 – 107.

［84］ BEZRUKOVA K, JEHN K A, ZANUTTO E L, et al. Do workgroup faultlines help or hurt? A moderated model of faultlines, team identification, and group performance［J］. Organization science, 2009, 20（1）: 35 – 50.

［85］ BEZRUKOVA K, THATCHER S M, JEHN K A, et al. The effects of alignments: examining group faultlines, organizational cultures, and performance［J］. Journal of applied psychology, 2012, 97（1）: 77.

［86］ BEZRUKOVA K, THATCHER S M, JEHN K A. Group heterogeneity and faultlines: comparing alignment and dispersion theories of group composition［J］. Conflict in organizational groups: new directions in theory and practice, 2007: 57 – 92.

［87］ BEZRUKOVA K, UPARNA J. Group splits and culture shifts: a new map of the creativity terrain［J］. Research on managing groups and teams, 2009, 12: 163 – 193.

［88］ BIRKINSHAW J, AMBOS T C, BOUQUET C. Boundary spanning activities of corporate hq executives insights from a longitudinal study［J］. Journal of management studies, 2017, 54（5）: 422 – 454.

［89］ BORCH O J, SOLESVIK M. Partner selection versus partner attraction in R&D strategic alliances: the case of the norwegian shipping industry［J］. International journal of technology marketing, 2016, 11（2）: 421 – 439.

［90］ BOSCHMA R. Proximity and innovation: a critical assessment［J］. Regional studies, 2005, 39（1）: 61 – 74.

［91］ BRASS D J, BUTTERFIELD K D, SKAGGS B C. Relationships and unethical behavior: a social network perspective［J］. Academy of management review, 1998, 23（1）: 14 – 31.

［92］ BROUTHERS K D, BROUTHERS L E, WILKINSON T J. Strategic alliances: choose your partners［J］. Long range planning, 1995, 28（3）: 18 – 25.

［93］ BRUYAKA O, PHILIPPE D, CASTANER X. Run away or stick together? The impact of organization – specific adverse events on alliance partner defection［J］. Academy of management review, 2018, 43（3）: 445 – 469.

［94］ BUCHMANN T, PYKA A. The evolution of innovation networks: the case of a publicly funded German automotive network［J］. Economics of innovation & new technology,

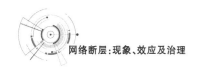
2015, 24（1-2）: 114-139.

［95］ BURT R S, KNEZ M. Kinds of third-party effects on trust［J］. Rationality and society, 1995, 7（3）: 255-292.

［96］ CANTÙ C, CORSARO D, SNEHOTA I. Roles of actors in combining resources into complex solutions［J］. Journal of business research, 2012, 65（2）: 139-150.

［97］ CAPALDO A, LAVIE D, PETRUZZELLI A M. Knowledge maturity and the scientific value of innovations: the roles of knowledge distance and adoption［J］. Journal of management, 2017, 43（2）: 503-533.

［98］ CARL S, CLAUS R. Routine regulation: balancing conflicting goals in organizational routines［J］. Administrative science quarterly, 2018, 63（1）: 170-209.

［99］ CARTON A M, CUMMINGS J N. A theory of subgroups in work teams［J］. Academy of management review, 2012, 37（3）: 441-470.

［100］ CARTON A M, CUMMINGS J N. The impact of subgroup type and subgroup configurational properties on work team performance［J］. Journal of applied psychology, 2013, 98（5）: 732-758.

［101］ CASSI L, PLUNKET A. Research collaboration in co-inventor networks: combining closure, bridging and proximities［J］. Regional studies, 2015, 49（6）: 936-954.

［102］ CAVIGGIOLI F. Technology fusion: identification and analysis of the drivers of technology convergence using patent data［J］. Technovation, 2016, 55: 22-32.

［103］ CHEN H M, TSENG C H. The performance of marketing alliances between the tourism industry and credit card issuing banks in taiwan［J］. Tourism management, 2005, 26（1）: 15-24.

［104］ CHEN J S, TSOU H T, Ching R K H. Co-production and its effects on service innovation［J］. Industrial marketing management, 2011, 40（8）: 1331-1346.

［105］ CHEN Z, GUAN J. The impact of small world on innovation: an empirical study of 16 countries［J］. Journal of informetrics, 2010, 4（1）: 97-106.

［106］ CHEN Z, KALE P, HOSKISSON R E. Geographic overlap and acquisition pairing［J］. Strategic management journal, 2018, 39（2）: 329-355.

［107］ CHENG L, WANG M, LOU X, et al. Divisive faultlines and knowledge search in technological innovation network: an empirical study of global biopharmaceutical firms［J］. International journal of environmental research and public health, 2021, 18（11）: 5614.

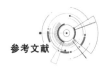
[108] CHIN K S, CHAN B L, LAM P K. Identifying and prioritizing critical success factors for coopetition strategy [J]. Industrial management & data systems, 2008, 108（4）：437－454.

[109] CHOI J N, SY T. Group - level organizational citizenship behavior: effects of demographic faultlines and conflict in small work groups [J]. Journal of organizational behavior, 2010, 31（7）：1032－1054.

[110] CHUNG Y, LIAO H, JACKSON S, et al. Cracking but not breaking: joint effects of faultline strength and diversity climate on loyal behavior [J]. Academy of management journal, 2015, 58（5）：1495－1515.

[111] CLEMENT J, SHIPILOV A, GALUNIC C. Brokerage as a public good: the externalities of network hubs for different formal roles in creative organizations [J]. Administrative science quarterly, 2018, 63（2）：251－286.

[112] COHEN S K, CANER T. Converting inventions into breakthrough innovations: the role of exploitation and alliance network knowledge heterogeneity [J]. Journal of engineering and technology management, 2016, 40：29－44.

[113] COLEMAN J S. Social capital in the creation of human capital [J]. American journal of sociology, 1988, 94：95－120.

[114] COOPER C, FOX J L. Boundary－spanning in organizations: network, influence and conflict [J]. J.am.chem.soc, 2014, 117（27）：7238－7244.

[115] COOPER D, PATEL P C, THATCHER S M. It depends: environmental context and the effects of faultlines on top management team performance [J]. Organization science, 2014, 25（2）：633－652.

[116] CORRADINI C, DE PROPRIS L. Beyond local search: bridging platforms and inter－sectoral technological integration [J]. Research policy, 2017, 46（1）：196－206.

[117] CORSARO D, CANTÙ C. Actors' heterogeneity and the context of interaction in affecting innovation networks [J]. Journal of business & industrial marketing, 2015, 30（3/4）：246－258.

[118] CORSARO D, CANTÙ C, TUNISINI A. Actors' heterogeneity in innovation networks [J]. Industrial marketing management, 2012, 41（5）：780－789.

[119] COWAN K, PASWAN A K, STEENBURG E V. When inter－firm relationship benefits mitigate power asymmetry [J]. Industrial marketing management, 2015, 48：140－148.

［120］COWAN R，JONARD N. Knowledge portfolios and the organization of innovation networks ［J］. Academy of management review，2009，34（2）：320-342.

［121］CRONIN M A，BEZRUKOVA K，WEINGART L R，et al. Subgroups within a team：the role of cognitive and affective integration［J］. Journal of organizational behavior，2011，32（6）：831-849.

［122］CRUCKE S，KNOCKAERT M. When stakeholder representation leads to faultlines：a study of board service performance in social enterprises［J］. Journal of management studies，2016，53（5）：14991.

［123］CUMMINGS J L，HOLMBERG S R. Best-fit alliance partners：the use of critical success factors in a comprehensive partner selection process［J］. Long range planning，2012，45（s2-3）：136-159.

［124］CURRAN C-S，BRÖRING S，LEKER J. Anticipating converging industries using publicly available data［J］. Technological forecasting and social change，2010，77（3）：385-395.

［125］DAGNINO G B，LEVANTI G，A M，et al. Interorganizational network and innovation：a bibliometric study and proposed research agenda［J］. Journal of business & industrial marketing，2015，30（3/4）：354-377.

［126］DAS T K，HE I Y. Entrepreneurial firms in search of established partners：review and recommendations［J］. International journal of entrepreneurial behavior & research，2006，12（3）：114-143（130）.

［127］DAVIES A，FREDERIKSEN L，CACCIATPRI E，et al. The long and winding road：routine creation and replication in multi-site organizations［J］. Research policy，2018，47（8）：1403-1417.

［128］DAVIS J P，EISENHARDT K M. Rotating leadership and collaborative innovation：recombination processes in symbiotic relationships［J］. Administrative science quarterly，2011，56：159-201.

［129］DEEPHOUSE D L. Media reputation as a strategic resource：an integration of mass communication and resource-based theories［J］. Journal of management：official journal of the southern management association，2000，26（6）：1091-1112.

［130］DEKKER H，DONADA C，MOTHE C，et al. Boundary spanner relational behavior and inter-organizational control in supply chain relationships［J］. Industrial marketing management，2019，77：143-154.

[131] DEKKER H C. Partner selection and governance design in interfirm relationships [J]. Accounting, organizations and society, 2008, 33 (7): 915-941.

[132] DEKKER H C, ABBEELE A V D. Organizational learning and interfirm control: the effects of partner search and prior exchange experiences [J]. Organization science, 2010, 21 (6): 1233-1250.

[133] DELGADO-MÁRQUEZ B L, HURTADO-TORRES N E, PEDAUGA L E, et al. A network view of innovation performance for multinational corporation subsidiaries [J]. Regional studies, 2018, 52 (1): 47-67.

[134] DHANASAI C, PARKHE A. Orchestrating innovation networks [J]. Academy of management review, 2006, 31 (3): 659-669.

[135] DIESTRE L, RAJAGOPALAN N. Are all 'sharks' dangerous? New biotechnology ventures and partner selection in r&d alliances [J]. Strategic management journal, 2012, 33 (10): 1115-1134.

[136] DOUMA M U, BILDERBEEK J, IDENBURG P J, et al. Strategic alliances managing the dynamics of fit [J]. Long range planning, 2000, 33 (4): 579-598.

[137] DOZ Y L. The evolution of cooperation in strategic alliances: initial conditions or learning processes? [J]. Strategic management journal, 1996, 17 (S1): 55-83.

[138] DUISTERS D. The partner selection process: steps, effectiveness, governance [J]. International journal of human rights & constitutional studies, 2011, 2 (1/2): 7-25.

[139] DUYSTERS G, LEMMENS C. Alliance group formation enabling and constraining effects of embeddedness and social capital in strategic technology alliance networks [J]. International studies of management and organization, 2003, 33 (2): 49-68.

[140] DYCK B, STARKE F A. The formation of breakaway organizations: observations and a process model [J]. Administrative science quarterly, 1999, 44 (4): 792-822.

[141] ELLIS A P, MAI K M, CHRISTIAN J S. Examining the asymmetrical effects of goal faultlines in groups: a categorization-elaboration approach [J]. Journal of applied psychology, 2013, 98 (6): 948-961.

[142] FLETCHER R, BARRETT N. Embeddedness and the evolution of global networks: an australian case study [J]. Industrial marketing management, 2001, 30 (7): 561-573.

[143] FONTI F, MAORET M, WHITBRED R. Free-riding in multi-party alliances: the role of perceived alliance effectiveness and peers' collaboration in a research consortium [J].

Strategic management journal，2015.

[144] FREEMAN C. Networks of innovators：a synthesis of research issues ［J］. Research policy，1991，20（5）：499−514.

[145] FUNK R J. Making the most of where you are：geography，networks，and innovation in organizations ［J］. Academy of management journal，2014，57（1）：193−222.

[146] FUNK，R J，OWEN−SMITH J. A dynamic network measure of technological change ［J］. Management science，2017，63：791−817.

[147] GALUNIC D C，EISENHARDT K M. Architectural innovation and modular corporate forms ［J］.The academy of management journal，2001，44：1229−1249.

[148] GARUD R，TUERTSCHER P，VAN DE VEN A H. Perspectives on innovation processes ［J］. The academy of management annals，2013，7（1）：775−819.

[149] GEBREEYESUS M，MOHNEN P. Innovation performance and embeddedness in networks：evidence from the ethiopian footwear cluster ［J］. World development，2013，41（3）：302−316.

[150] GERINGER J M. Strategic determinants of partner selection criteria in international joint ventures ［J］. Journal of international business studies，1991，22（1）：41−62.

[151] GEUM Y，KIM C，LEE S，et al. Technological convergence of it and bt：evidence from patent analysis ［J］. Etri journal，2012，34（3）：439−449.

[152] GHOSH A，RANGANATHAN R，ROSENKOPF L. The impact of context and model choice on the determinants of strategic alliance formation：evidence from a staged replication study ［J］. Strategic management journal，2016，37（11）：2204−2221.

[153] GIBSON C，VERMEULEN F. A healthy divide：subgroups as a stimulus for team learning behavior ［J］. Administrative science quarterly，2003，48（2）：202−239.

[154] GILSING V，NOOTEBOOM B，VANHAVERBEKE W，et al. Network embeddedness and the exploration of novel technologies：technological distance，betweenness centrality and density ［J］. Research policy，2008，37（10）：1717−1731.

[155] GIRVAN M，NEWMAN M E. Community structure in social and biological networks ［J］. Proceedings of the national academy of sciences，2002，99（12）：7821−7826.

[156] GNYAWALI D R，MADHAVAN R. Cooperative networks and competitive dynamics：a structural embeddedness perspective ［J］. The academy of management review，2001，26（3）：431−445.

［157］ GOERZEN A. Alliance networks and firm performance: the impact of repeated partnerships ［J］. Strategic management journal, 2007, 28 (5): 487–509.

［158］ GOERZEN A, BEAMISH P W. The effect of alliance network diversity on multinational enterprise performance ［J］. Strategic management journal, 2005, 26 (4): 333–354.

［159］ GOES J B, PARK S H. Interorganizational links and innovation: the case of hospital services ［J］. The academy of management journal, 1997, 40 (3) 673–696.

［160］ GOMESCASSERES B. Group versus group: how alliance networks compete ［J］. Harvard business review, 1994, 72 (4): 62–66.

［161］ GRABHER G, IBERT O. Bad company? The ambiguity of personal knowledge networks ［J］. Journal of economic geography, 2006, 6 (3): 251–271.

［162］ GRANOVETTER M. Economic action and social structure: the problem of embeddedness ［J］. American journal of sociology, 1985, 91 (3): 481–510.

［163］ GRANT R M. The resource–based theory of competitive advantage: implications for strategy formulation ［J］. California management review, 1991, 33 (3): 3–23.

［164］ GRANT R M, BADEN–FULLER C. A knowledge accessing theory of strategic alliances ［J］. Journal of management studies, 2004, 41 (1): 61–84.

［165］ GRATTON L, VOIGT A, ERICKSON T. Bridging faultlines in diverse teams ［J］. MIT sloan management review, 2007, 48 (4): 22.

［166］ GREVE H R, KIM J–Y. Running for the exit: community cohesion and bank panics ［J］. Organization science, 2013, 25 (1): 204–221.

［167］ GU Q, LU X. Unraveling the mechanisms of reputation and alliance formation: a study of venture capital syndication in China ［J］. Strategic management journal, 2014, 35 (5): 739–750.

［168］ GULATI R. Alliances and networks ［J］. Strategic management journal, 1998, 19 (4): 293–317.

［169］ GULATI R. Does familiarity breed trust? The implications of repeated ties for contractual choice in alliances ［J］. Academy of management journal, 1995, 38 (1): 85–112.

［170］ GULATI R. Social structure and alliance formation patterns: a longitudinal analysis ［J］. Administrative science quarterly, 1995, 40 (4): 619–652.

［171］ GULATI R, GARGIULO M. Where do interorganizational networks come from? ［J］. American journal of sociology, 1999, 104 (5): 1439–1493.

［172］GULATI R，SYTCH M. Does familiarity breed trust? Revisiting the antecedents of trust［J］. Managerial & decision economics，2008，29（2-3）：165-190.

［173］GULATI R，SYTCH M，TATARYNOWICZ A. The rise and fall of small worlds：exploring the dynamics of social structure［J］. Organization science，2012，23（2）：449-471.

［174］HACKLIN F，MARXT C，FAHRNI F. Coevolutionary cycles of convergence：an extrapolation from the ict industry［J］. Technological forecasting and social change，2009，76（6）：723-736.

［175］HAGEDOORN J. Understanding the cross-level embeddedness of interfirm partnership formation［J］. Mathematical social sciences，2006，31（3）：670-680.

［176］HAGEDOORN J，LETTERIE W，PALM F. The Information value of r&d alliances：the preference for local or distant Ties［J］. Strategic organization，2011，9（4）：283-309.

［177］HALEVY N. Team negotiation：social，epistemic，economic，and psychological consequences of subgroup conflict［J］. Personality & social psychology bulletin，2008，34（12）：1687-1702.

［178］HAN E J，SOHN S Y. Technological convergence in standards for information and communication technologies［J］. Technological forecasting and social change，2016，106：1-10.

［179］HARRISON D A，KLEIN K J. What's the difference? Diversity constructs as separation，variety，or disparity in organizations［J］. Academy of management review，2007，32（4）：1199-1228.

［180］HEIDL R A，STEENSMA H K，PHELPS C. Divisive faultlines and the unplanned dissolutions of multipartner alliances［J］. Organization science，2014，25（5）：1351-1371.

［181］HITT M A，AHLSTROM D，DACIN M T，et al. The institutional effects on strategic alliance partner selection in transition economies：China Vs. Russia［J］. Organization science，2004，15（2）：173-185.

［182］HITT M A，DACIN M T，LEVITAS E. Partner selection in emerging and developed market contexts：resource-based and organizational learning perspectives［J］. Academy of management journal，2000，43（3）：449-467.

［183］HOMAN A C，DAAN V K，KLEEF G A，et al. Bridging faultlines by valuing diversity：diversity beliefs，information elaboration，and performance in diverse work Groups［J］.

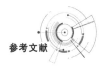

Journal of applied psychology, 2007, 92（5）: 1189-1199.

［184］ HOMAN A C, VAN KNIPPENBERG D, VAN KLEEF G A, et al. Interacting dimensions of diversity: cross-categorization and the functioning of diverse work groups ［J］. Group dynamics: theory, research, and practice, 2007, 11（2）: 79.

［185］ HUANG H-C, SU H-N. The innovative fulcrums of technological interdisciplinarity: an analysis of technology fields in patents ［J］. Technovation, 2019, 84: 59-70.

［186］ HUTZSCHENREUTER T, HORSTKOTTE J. Performance effects of top management team demographic faultlines in the process of product diversification ［J］. Strategic management journal, 2013, 34（6）: 704-726.

［187］ III P E B, GALLAGHER S. Explaining alliance partner selection: fit, trust and strategic expediency ［J］. Long range planning, 2007, 40（2）: 134-153.

［188］ IRELAND R D, HITT M A, VAIDYANATH D. Alliance management as a source of competitive advantage ［J］. Journal of management: official journal of the southern management association, 2002, 28（3）: 413-446.

［189］ JAFFE, A. Technological opportunity and spillovers of R&D: evidence from firms' patents, profits and market value ［J］. The American economic review, 1986, 76: 984-1001.

［190］ JEHN K A, BEZRUKOVA K. The faultline activation process and the effects of activated faultlines on coalition formation, conflict, and group outcomes ［J］. Organizational behavior and human decision processes, 2010, 112（1）: 24-42.

［191］ JEONG S, LEE S. What drives technology convergence? Exploring the influence of technological and resource allocation contexts ［J］. Journal of engineering and technology management, 2015, 36: 78-96.

［192］ JI Y K, HOWARD M, PAHNKE E. C, et al. Understanding network formation in strategy research: exponential random graph models ［J］. Strategic management journal, 2015, 31（7）: 1123-1129.

［193］ JONCZYK C D, LEE Y G, GALUNIC C D, et al. Relational changes during role transitions: the interplay of efficiency and cohesion ［J］. Academy of management journal, 2016, 59（3）: 956-982.

［194］ KALE P, SINGH H. Building firm capabilities through learning: the role of the alliance learning process in alliance capability and firm-level alliance success ［J］. Strategic management journal, 2007, 28（10）: 981-1000.

［195］KALE P，SINGH H，PERLMUTTER H. Learning and protection of proprietary assets in strategic alliances：building relational capital［J］. Strategic management journal，2000，21（3）：217-237.

［196］KATILA R，AHUJA G. Something old，something new：a longitudinal study of search behavior and new product introduction［J］. Academy of management journal，2002，45（6）：1183-1194.

［197］KATILA R，ROSENBERGER J D，EISENHARDT K M. Swimming with sharks：technology ventures，defense mechanisms and corporate relationships［J］. Administrative science quarterly，2008，53（2）：295-332.

［198］KIM D-H，LEE H，KWAK J. Standards as a driving force that influences emerging technological trajectories in the converging world of the internet and things：an investigation of the m2m/iot patent network［J］. Research policy，2017，46（7）：1234-1254.

［199］KIM J，KIM S，LEE C. Anticipating technological convergence：link prediction using wikipedia hyperlinks［J］. Technovation，2019，79：25-34.

［200］KIM J，LEE S. Forecasting and identifying multi-technology convergence based on patent data：the case of it and bt industries in 2020［J］. Scientometrics，2017，111（1）：47-65.

［201］KNOBEN J，OERLEMANS L A. Proximity and inter-organizational collaboration：a literature review［J］. International journal of management reviews，2006，8（2）：71-89.

［202］KNOKE D. Playing well together creating corporate social capital in strategic alliance networks［J］. American behavioral scientist，2009，52（12）：1690-1708.

［203］KOSE T，SAKATA I. Identifying technology convergence in the field of robotics research［J］. Technological forecasting and social change，2019，146：751-766.

［204］KUDIC M，PYKA A，SUNDER M. Network formation：r&d cooperation propensity and timing among german laser source manufacturers［J］. Iwh discussion papers，2013，13（9）：1-25.

［205］KUMAR P，ZAHEER A. Ego-network stability and innovation in alliances［J］. Academy of Management Journal，2019，62（3）：691-716.

［206］KWON O，AN Y，KIM M，et al. Anticipating technology-driven industry convergence：evidence from large-scale patent analysis［J］. Technology analysis & strategic management，2019：1-16.

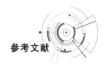

［207］ LAI W H, CHANG P L. Corporate motivation and performance in r&d alliances ［J］. Journal of business research, 2010, 63（5）: 490-496.

［208］ LANE P J, LUBATKIN M. Relative absorptive capacity and interorganizational learning ［J］. Strategic management journal, 1998, 19（5）: 461-477.

［209］ LAU A K, LO W. Absorptive capacity, technological innovation capability and innovation performance: an empirical study in Hong Kong ［J］. International journal of technology management, 2019, 80（1-2）: 107-148.

［210］ LAU D C, MURNIGHAN J K. Interactions within groups and subgroups: the effects of demographic faultlines ［J］. Academy of management journal, 2005, 48（4）: 645-659.

［211］ LAU D C, MURNIGHAN J K. Demographic diversity and faultlines: the compositional dynamics of organizational groups ［J］. Academy of management review, 1998, 23（2）: 325-340.

［212］ LAURSEN K, SALTER A. Open for innovation: the role of openness in explaining innovation performance among U.K. manufacturing firms ［J］. Strategic management journal, 2006, 27（2）: 131-150.

［213］ LAVIE D. Alliance portfolios and firm performance: a study of value creation and appropriation in the U.S. software industry ［J］. Strategic management journal, 2007, 28（12）: 1187-1212.

［214］ LAVIE D, HAUNSCHILD P R, KHANNA P. Organizational differences, relational mechanisms, and alliance performance ［J］. Strategic management journal, 2012, 33（13）: 1453-1479.

［215］ LAWRENCE B S, ZYPHUR M J. Identifying organizational faultlines with latent class cluster analysis ［J］. Organizational research methods, 2011, 14（1）: 32-57.

［216］ LEE S, PARK G, YOON B, et al. Open innovation in smes—an intermediated network model ［J］. Research policy, 2010, 39（2）: 290-300.

［217］ LEE W S, HAN E J, SOHN S Y. Predicting the pattern of technology convergence using big-data technology on large-scale triadic patents ［J］. Technological forecasting and social change, 2015, 100: 317-329.

［218］ LEI G, ZHANG M, DODGSON M, et al. An integrated indicator system for patent portfolios: evidence from the telecommunication manufacturing industry ［J］. Technology analysis & strategic management, 2017, 29（6）: 600-613.

［219］ LI D, EDEN L, HITT M A, et al. Friends, acquaintances, or strangers? Partner selection in r&d alliances ［J］. Academy of management journal, 2008, 51（2）: 315 – 334.

［220］ LI D, FERREIRA M P. Partner selection for international strategic alliances in emerging economies ［J］. Scandinavian journal of management, 2008, 24（4）: 308 – 319.

［221］ LI J, HAMBRICK D C. Factional groups: a new vantage on demographic faultlines, conflict, and disintegration in work teams ［J］. Academy of management journal, 2005, 48（5）: 794 – 813.

［222］ LI K, QIU J, WANG J. Technological competition and strategic alliances ［J］. Available at SSRN, 2016: 2480547.

［223］ LI S X, ROWLEY T J. Inertia and evaluation mechanisms in interorganizational partner selection: syndicate formation among us investment banks ［J］. Academy of management journal, 2002, 45（6）: 1104 – 1119.

［224］ LI K, QIU. Technology conglomeration, strategic alliances, and corporate innovation. ［J］. Management science, 2019, 65: 5065 – 5090.

［225］ LIM J Y K, BUSENITZ L W, CHIDAMBARAM L. New venture teams and the quality of business opportunities identified: faultlines between subgroups of founders and investors［J］. Entrepreneurship theory and practice, 2013, 37（1）: 47 – 67.

［226］ LIM S, KWON O, LEE D H. Technology convergence in the internet of things（iot）startup ecosystem: a network analysis ［J］. Telematics and informatics, 2018, 35（7）: 1887 – 1899.

［227］ LIN C – P, LIN H – M. Maker – buyer strategic alliances: an integrated framework ［J］. Journal of business & industrial marketing, 2009, 25（1）: 43 – 56.

［228］ LIN H, DARNALL N. Strategic alliance formation and structural configuration ［J］. Journal of business ethics, 2015, 127（3）: 549 – 564.

［229］ LIU Y, RAVICHANDRAN T. Alliance experience, it – enabled knowledge integration, and ex ante value gains ［J］. Organization science, 2015, 26（2）: 511 – 530.

［230］ LU Y. Joint venture success in China: how should we select a good partner? ［J］. Journal of world business, 1998, 33（2）: 145 – 166.

［231］ LUXBURG U. A tutorial on spectral clustering ［J］. Statistics and computing, 2007, 17（4）: 395 – 416.

［232］MAKRI M，HITT M A，LANE P J. Complementary technologies， knowledge relatedness， and invention outcomes in high technology mergers and acquisitions ［J］. Strategic management journal，2010，31（6）：602-628.

［233］MAN A P D，ROIJAKKERS N. Alliance governance：balancing control and trust in dealing with risk ［J］. Long range planning，2009，42（1）：75-95.

［234］MARCH J G. Exploration and exploitation in organizational learning ［J］. Organization science，1991，2（1）：71-87.

［235］MARIOTTI F，DELBRIDGE R. Overcoming network overload and redundancy in interorganiz-ational networks：the roles of potential and latent ties ［J］. Organization science， 2012，23（2）：511-528.

［236］MARTÍNEZ ARDILA H E，MORA MORENO J E，CAMACHO PICO J A. Networks of collaborative alliances：the second order interfirm technological distance and innovation performance ［J］.The journal of technology transfer，2020，45：1255-1282.

［237］MÄS M，FLACHE A，TAKÁCS K，et al. In the short term we divide，in the long term we unite：demographic crisscrossing and the effects of faultlines on subgroup polarization ［J］. Organization science，2013，24（3）：716-736.

［238］MASKELL P，MALMBERG A. Localised learning and industrial competitiveness ［J］. Cambridge journal of economics，1999，23（2）：167-185.

［239］MAT N A C，CHEUNG Y，SCHEEPERS H. A framework for partner selection criteria in virtual enterprises for SMEs ［C］// International conference on service systems and service management. IEEE，2008：1-7.

［240］MCPHERSON M，SMITHLOVIN L， COOK J. Birds of a feather：homophily in social networks ［J］. Annual review of sociology，2001，15（4）：344-349.

［241］MEDCOF J W. Why too many alliances end in divorce［J］. Long range planning，1997，30（5）：718-732.

［242］MEISTER A，THATCHER S M，PARK J，et al. Toward a temporal theory of faultlines and subgroup entrenchment ［J］. Journal of management studies，2020，57（8）：1473-1501.

［243］MEYER B，SCHERMULY C C，KAUFFELD S. That's not my place：the interacting effects of faultlines， subgroup size， and social competence on social loafing behaviour in work groups ［J］. European journal of work & organizational psychology，2016，25（1）：31-49.

［244］ MEYER B, SHEMLA M, LI J, et al. On the same side of the faultline: inclusion in the leader's subgroup and employee performance［J］. Journal of management studies, 2015, 52（3）: 354–380.

［245］ MILANOV H, SHEPHERD D A. The importance of the first relationship: the ongoing influence of initial network on future Status［J］. Strategic management journal, 2013, 34（6）: 727–750.

［246］ MINDRUTA D. Value creation in university–firm research collaborations: a matching approach［J］. Strategic management journal, 2013, 34（6）: 644–665.

［247］ MINDRUTA D, MOEEN M, AGARWAL R. A two–sided matching approach for partner selection and assessing complementarities in partners' attributes in inter - firm alliances［J］. Strategic management journal, 2014, 37（1）: 206–231.

［248］ MINICHILLI A, CORBETTA G, MACMILLAN I C. Top management teams in family–controlled companies 'familiness', 'faultlines', and their impact on financial performance［J］. Journal of management studies, 2010, 47（2）: 205–222.

［249］ MITSUHASHI H, MIN J. Embedded networks and suboptimal resource matching in alliance formations ［J］. British journal of management, 2016, 27（2）: 287–303.

［250］ MOLLEMAN E. Diversity in demographic characteristics, abilities and personality traits: do faultlines affect team functioning? ［J］. Group decision and negotiation, 2005, 14（3）: 173–193.

［251］ MÖLLER K. Sense–making and agenda construction in emerging business networks —how to direct radical innovation［J］. Industrial marketing management, 2010, 39（3）: 361–371.

［252］ MÖLLER K, SVAHN S. Role of knowledge in value creation in business nets［J］. Journal of management studies, 2006, 43（5）: 985–1007.

［253］ MOWERY D C, OXLEY J E., SILVERMAN B S. Technological overlap and interfirm cooperation: implications for the resource–based view of the Firm［J］. Research policy, 1998, 27（5）: 507–523.

［254］ MUKHERJEE D, GAUR A S, GAUR S S, et al. External and internal influences on r&d alliance formation: evidence from German smes［J］. Journal of business research, 2011, 66（11）: 2178–2185.

［255］ NAN D, LIU F, MA R. Effect of proximity on recombination innovation in R&D collaboration: an empirical analysis［J］. Technology analysis & strategic management, 2018, 30（8）:

921−934.

［256］NDOFOR H A, SIRMON D G, HE X. Utilizing the firm's resources: how TMT heterogeneity and resulting faultlines affect TMT tasks［J］. Strategic management journal, 2015, 36（11）: 1656−1674.

［257］NEWMAN M E, MOORE C, WATTS D J. Mean−field solution of the small−world network model［J］. Physical review letters, 2000, 84（14）: 3201.

［258］NEWMAN M. Networks: an introduction［M］. Oxford: Oxford University press, 2010.

［259］NIETO M J, SANTAMARAĺ L. The importance of diverse collaborative networks for the novelty of product innovation［J］. Technovation, 2007, 27（6）: 367−377.

［260］NOOTEBOOM B, HAVERBEKE W V, DUYSTERS G, et al. Optimal cognitive distance and absorptive capacity［J］. Research policy, 2007, 36（7）: 1016−1034.

［261］NYSTRÖM A G, LEMINEN S, WESTERLUND M, et al. Actor roles and role patterns influencing innovation in living labs［J］. Industrial marketing management, 2014, 43（3）: 483−495.

［262］OBSTFELD D, BORGATTI S P, DAVIS J. Brokerage as a process: decoupling third party action from social network structure［J］. Research in the sociology of organizations, 2014, 40: 135−159.

［263］OH H, CHUNG M−H, LABIANCA G. Group social capital and group effectiveness: the role of informal socializing ties［J］. Academy of management journal, 2004, 47（6）: 860−875.

［264］O'MALLEY L, O'DWYER M, MCNALLY R C, et al. Identity, collaboration and radical innovation: the role of dual organisation identification［J］. Industrial marketing management, 2014, 43（8）: 1335−1342.

［265］OZER M, ZHANG W. The effects of geographic and network ties on exploitative and exploratory product innovation［J］. Strategic management journal, 2015, 36（7）: 1105−1114.

［266］PÁEZ−AVILÉS C, JUANOLA−FELIU E, SAMITIER J. Cross−fertilization of key enabling technologies: an empirical study of nanotechnology−related projects based on innovation management strategies［J］. Journal of engineering and technology management, 2018, 49: 22−45.

［267］PALLA G，BARABÁSI A L，VICSEK T. Quantifying social group evolution［J］. Nature，2007，446（7136）：664－667.

［268］PALLA G，DERÉNYI I，FARKAS I，et al. Uncovering the overlapping community structure of complex networks in nature and society［J］. Nature，2005，435（7043）：814－818.

［269］PAQUIN R L，HOWARD－GRENVILLE J. Blind dates and arranged marriages：longitudinal processes of network orchestration［J］. Organization studies，2013，34（11）：1623－1653.

［270］PARK I，YOON B. Technological opportunity discovery for technological convergence based on the prediction of technology knowledge flow in a citation network［J］. Journal of informetrics，2018，12（4）：1199－1222.

［271］PARK S H，ZHOU D. Firm heterogeneity and competitive dynamics in alliance formation［J］. Academy of management review，2005，30（3）：531－554.

［272］PARUCHURI S，AWATE S. Organizational knowledge networks and local search：the role of intra－organizational inventor networks［J］. Strategic management journal，2017，38（3）：657－675.

［273］PÉREZ－NORDTVEDT L，KEDIA B L，DATTA D K，et al. Effectiveness and efficiency of cross－border knowledge transfer：an empirical examination［J］. Journal of management studies，2008，45（4）：714－744.

［274］PERKS H，MOXEY S. Market－facing innovation networks：how lead firms partition tasks，share resources and develop capabilities［J］. Industrial marketing management，2011，40（8）：1224－1237.

［275］PERRY－SMITH J E，SHALLEY C E A social composition view of team creativity：the role of member nationality－heterogeneous ties outside of the team［J］. Organization science，2014，25（5）：1434－1452.

［276］PERRY－SMITH J，MANNUCCI P V. From creativity to innovation：the social network drivers of the four phases of the idea journey［J］. Academy of management review，2017，42（1）：53－79.

［277］PHELPS C C. A longitudinal study of the influence of alliance network structure and composition on firm exploratory innovation［J］. Academy of management journal，2010，53（4）：890－913.

［278］PITTAWAY L，ROBERTSON M，MUNIR K，et al. Networking and innovation：a systematic review of the evidence［J］. International journal of management reviews，2004，5（3－4）：

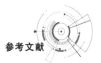

137-168.

[279] PODOLNY J M. Market uncertainty and the social character of economic exchange [J] . Administrative science quarterly, 1994: 458-483.

[280] POLIDORO F, AHUJA G, MITCHELL W. When the social structure overshadows competitive incentives: the effects of network embeddedness on joint venture dissolution [J] . Academy of management journal, 2011, 54 (1): 203-223.

[281] POLZER J T, CRISP C B, JARVENPAA S L, et al. Extending the faultline model to geographically dispersed teams: how colocated subgroups can impair group functioning [J] . Academy of management journal, 2006, 49 (4): 679-692.

[282] POWELL W W, WHITE D R, KOPUT K W, et al. Network dynamics and field evolution: the growth of interorganizational collaboration in the life sciences [J] . American journal of sociology, 2005, 110 (4): 1132-1205.

[283] PROVAN K G, FISH A, SYDOW J. Interorganizational networks at the network level: a review of the empirical literature on whole networks [J] . Journal of management, 2007, 33 (3): 479-516.

[284] PROVAN K G, SEBASTIAN J G. Network within networks: service link overlap, organizational cliques, and network effectiveness [J] . Academy of management journal, 1998, 41 (4): 453-463.

[285] RAMPERSAD G, QUESTER P, TROSHANI I. Managing innovation networks: exploratory evidence from ict, biotechnology and nanotechnology networks [J] . Industrial marketing management, 2010, 39 (5): 793-805.

[286] RAUB W, WEESIE J. Reputation and efficiency in social interactions: an example of network effects [J] . American journal of sociology, 1990, 96 (3): 626-654.

[287] REAGANS R, SINGH P V, KRISHNAN R. Forgotten third parties: analyzing the contingent association between unshared third parties, knowledge overlap, and knowledge transfer relationships with outsiders [J] . Organization science, 2015, 26 (5): 1400-1414.

[288] REN H, GRAY B, HARRISON D A. Triggering faultline effects in teams: the importance of bridging friendship ties and breaching animosity ties [J] . Organization science, 2015, 26 (2): 390-404.

[289] REUER J J, LAHIRI N. Searching for alliance partners: effects of geographic distance on the formation of R&D collaborations [J]. Organization science, 2014, 25 (1): 283-298.

[290] RICO R, MOLLEMAN E, SANCHEZ-MANZANARES M, et al. The effects of diversity faultlines and team task autonomy on decision quality and social integration [J]. Journal of management, 2007, 33 (1): 111-132.

[291] RINK F A, JEHN K A. How identity processes affect faultline perceptions and the functioning of diverse teams [J]. Psychology of social and cultural diversity, 2010: 281-296.

[292] ROGAN M. Executive departures without client losses: the role of multiplex ties in exchange partner retention [J]. Academy of management journal, 2014, 57 (2): 563-584.

[293] ROGAN M. Too close for comfort? The effect of embeddedness and competitive overlap on client relationship retention following an acquisition [J]. Organization science, 2013, 25 (1): 185-203.

[294] ROSENKOPF L, NERKAR A. Beyond local search: boundary-spanning, exploration, and impact in the optical disk industry [J]. Strategic management journal, 2001, 22 (4): 287-306.

[295] ROSENKOPF L, PADULA G. Investigating the microstructure of network evolution: alliance formation in the mobile communications industry [J]. Organization science, 2008, 19 (5): 669-687.

[296] ROTHAERMEL F T. Incumbent's advantage through exploiting complementary assets via interfirm cooperation [J]. Strategic management journal, 2001, 22 (6-7): 687-699.

[297] ROTHAERMEL F T, BOEKER W. Old technology meets new technology: complementarities, similarities, and alliance formation [J]. Strategic management journal, 2008, 29 (1): 47-77.

[298] ROWLEY T J. Moving beyond dyadic ties: a network theory of stakeholder influences [J]. Academy of management review, 1997, 22 (4): 887-910.

[299] ROWLEY T J, GREVE H R, RAO H, et al. Time to break up: social and instrumental antecedents of firm exits from exchange cliques [J]. Academy of management journal, 2005, 48 (3): 499-520.

[300] RUPERT J, BLOMME R J, DRAGT M J, et al. Being different, but close: how and when faultlines enhance team learning [J]. European management review, 2016, 13 (4): 275-290.

［301］SALVATO C, RERUP C. Routine regulation: balancing conflicting goals in organizational routines［J］. Administrative science quarterly, 2018, 63（1）: 170–209.

［302］SANCHEZ R, HEENE A, THOMAS H. Dynamics of competence–based competition: theory and practice in the new strategic management［J］. Long range planning, 1997, 30（1）: 141–141.

［303］SAUNDERS L W, TATE W L, ZSIDISIN G A, et al. The influence of network exchange brokers on sustainable initiatives in organizational networks［J］. Journal of business ethics, 2019, 154（3）: 849–868.

［304］SAXTON T. The effects of partner and relationship characteristics on alliance outcomes［J］. Academy of management journal, 1997, 40（2）: 443–461.

［305］SCHILLING M A, PHELPS C C. Interfirm collaboration networks: the impact of large–scale network structure on firm innovation［J］. Management science, 2007, 53（7）: 1113–1126.

［306］SHAH R H, SWAMINATHAN V. Factors influencing partner selection in strategic alliances: the moderating role of alliance context［J］. Strategic management journal, 2008, 29（5）: 471–494.

［307］SHIPILOV A V, LI S X, GREVE H R. The prince and the pauper: search and brokerage in the initiation of status–heterophilous ties［J］. Organization science, 2011, 22（6）: 1418–1434.

［308］SHIPILOV A, GULATI R, KILDUFF M, et al. Relational pluralism within and between organizations［J］. Academy of management journal, 2014, 57（2）: 449–459.

［309］SHIPILOV A, LI S. Toward a strategic multiplexity perspective on interfirm networks［J］. Research in the sociology of organizations, 2014, 40: 95–109.

［310］SHORE J, BERNSTEIN E, LAZER D. Facts and figuring: an experimental investigation of network structure and performance in information and solution spaces［J］. Organization science, 2015, 26（5）: 1432–1446.

［311］SICK N, PRESCHITSCHEK N, LEKER J, et al. A new framework to assess industry convergence in high technology environments［J］. Technovation, 2019, 84: 48–58.

［312］SIMSEK Z, LUBATKIN M H, FLOYD S W. Inter–firm networks and entrepreneurial behavior: a structural embeddedness perspective［J］. Journal of management, 2003, 29（3）: 427–442.

［313］SMITH E B, HOU Y. Redundant heterogeneity and group performance ［J］. Organization science, 2015, 26（1）: 37-51.

［314］SMITH H L, IGEL B, SOMPONG K. Strategic alliance motivation for technology commercialization and product development［J］. Management research review, 2014, 37（6）: 518 - 537.

［315］SODA G, TORTORIELLO M, IORIO A. Harvesting value from brokerage: individual strategic orientation, structural holes, and performance ［J］. Academy of management journal, 2018, 61（3）: 896-918.

［316］SONENSHEIN S, NAULT K, OBODARU O. Competition of a different flavor: how a strategic group identity shapes competition and cooperation ［J］. Administrative science quarterly, 2017, 62（4）: 626-656.

［317］SØRENSEN J B, STUART T E. Aging, obsolescence, and organizational innovation ［J］. Administrative science quarterly, 2000, 45（1）: 81-112.

［318］SORENSON O, STUART T E. Bringing the context back in: settings and the search for syndicate partners in venture capital investment networks ［J］. Administrative science quarterly, 2008, 53（2）: 266-294.

［319］SPOELMA T M, ELLIS A P J. Fuse or fracture? Threat as a moderator of the effects of diversity faultlines in teams ［J］. Journal of applied psychology, 2017, 102（9）: 1344-1359.

［320］STEIER L, GREENWOOD R. Entrepreneurship and the evolution of angel financial networks ［J］. Organization studies, 2000, 21（1）: 163-192.

［321］STERN I, DUKERICH J M, ZAJAC E. Unmixed signals: how reputation and status affect alliance formation ［J］. Strategic management journal, 2014, 35（4）: 512-531.

［322］SYTCH M, TATARYNOWICZ A, GULATI R. Toward a theory of extended contact: the incentives and opportunities for bridging across network communities ［J］. Organization science, 2012, 23（6）: 1658-1681.

［323］SYTCH M, TATARYNOWICZ A. Exploring the locus of invention: the dynamics of network communities and firms' invention productivity ［J］. Academy of management journal, 2014, 57（1）: 249-279.

［324］SYTCH M, TATARYNOWICZ A. Friends and foes: the dynamics of dual social structures ［J］. Academy of management journal, 2014, 57（2）: 585-613.

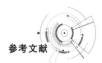

［325］TATARYNOWICZ A, SYTCH M, GULATI R. Environmental demands and the emergence of social structure: technological dynamism and interorganizational network forms ［J］. Administrative science quarterly, 2016, 61（1）: 52-86.

［326］TER WAL A L, ALEXY O, BLOCK J, et al. The best of both worlds: the benefits of open-specialized and closed-diverse syndication networks for new ventures'success ［J］. Administrative science quarterly, 2016, 61（3）: 393-432.

［327］TERJESEN S, PATEL P C. In search of process innovations: the role of search depth, search breadth, and the industry environment ［J］. Journal of management, 2017, 43（5）: 1421-1446.

［328］THATCHER S M, JEHN K A, ZANUTTO E. Cracks in diversity research: the effects of diversity faultlines on conflict and performance ［J］. Group decision and negotiation, 2003, 12（3）: 217-241.

［329］THATCHER S M, PATEL P C. Demographic faultlines: a meta-analysis of the literature ［J］. Journal of applied psychology, 2011, 96（6）: 1119-1139.

［330］THATCHER S M, PATEL P C. Group faultlines: a review, integration, and guide to future research ［J］. Journal of management, 2012, 38（4）: 969-1009.

［331］TRIPPL M, TÖDTLING F, LENGAUER L. Knowledge sourcing beyond buzz and pipelines: evidence from the vienna software sector ［J］. Economic geography, 2009, 85（4）: 443-462.

［332］TURBAN D B, CABLE D M. Firm reputation and applicant pool characteristics ［J］. Journal of organizational behavior, 2003, 24（6）: 733-751.

［333］TUSHMAN M L, SCANLAN T J. Boundary spanning individuals: their role in information transfer and their antecedents ［J］. Academy of management journal, 1981, 24（2）: 289-305.

［334］VAN KNIPPENBERG D, DAWSON J F, WEST M A, et al. Diversity faultlines, shared objectives, and top management team performance ［J］. Human relations, 2011, 64（3）: 307-336.

［335］VILLENA V H, REVILLA E, CHOI T Y. The dark side of buyer-supplier relationships: a social capital perspective ［J］. Journal of operations management, 2011, 29（6）: 561-576.

［336］VISSA B. Agency in action: entrepreneurs' networking style and initiation of economic exchange ［J］. Organization science, 2012, 23（2）: 492−510.

［337］VUORI T O, HUY Q N. Distributed attention and shared emotions in the innovation process ［J］. Administrative science quarterly, 2016, 61（1）: 9−51.

［338］WAL T, ANNE L J. The dynamics of the inventor network in german biotechnology: geographic proximity versus triadic closure ［J］. Journal of economic geography, 2013, 14（3）: 589−620.

［339］WALTER J, LECHNER C, KELLERMANNS F W. Disentangling alliance management processes: decision making, politicality, and alliance performance ［J］. Journal of management studies, 2008, 45（3）: 530−560.

［340］WANG C, RODAN S, FRUIN M, et al. Knowledge networks, collaboration networks, and exploratory innovation ［J］. Academy of management journal, 2014, 57（2）: 484−514.

［341］WANG Z, PORTER A L, WANG X, et al. An approach to identify emergent topics of technological convergence: a case study for 3d printing ［J］. Technological forecasting and social change, 2019, 146: 723−732.

［342］WANG P, VARESKA V D V, JANSEN J J P. Balancing exploration and exploitation in inventions: quality of inventions and team composition ［J］.Research policy, 2017, 46: 1836−1850.

［343］WASSERMAN S, FAUST K. Social network analysis: methods and applications ［M］. Cambridge: Cambridge University press, 1994.

［344］WASSMER U. Alliance portfolios: a review and research agenda ［J］. Journal of management: official journal of the southern management association, 2010, 36（1）: 141−171.

［345］WATTS D J, STROGATZ S H. Collective dynamics of 'Small−World' networks ［J］. Nature, 1998, 393（6684）: 440−442.

［346］WESTHEAD P, SOLESVIK M Z. Partner selection for strategic alliances: case study insights from the maritime industry ［J］. Industrial management & data systems, 2010, 110（6）: 841−860.

［347］WILLIAMS P. The competent boundary spanner ［J］. Public administration, 2002, 80（1）: 103−124.

［348］WOO S, CHOI J Y. Knowledge sources and recombination capabilities in developing new convergent products ［J］. Technology analysis & strategic management, 2018, 30（2）:

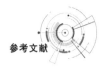
227-240.

[349] WU W Y, SHIH H A, CHAN H C. The analytic network process for partner selection criteria in strategic alliances [J]. Expert systems with applications, 2009, 36 (3): 4646-4653.

[350] XU L, LI J, ZHOU X. Exploring new knowledge through research collaboration: the moderation of the global and local cohesion of knowledge networks [J]. The journal of technology transfer, 2019, 44 (3): 822-849.

[351] YAN Y, ZHANG J, GUAN J. Network embeddedness and innovation: evidence from the alternative energy field [J]. IEEE transactions on engineering management, 2020, 67 (3): 769-782.

[352] YIN X, WU J, TSAI W. When unconnected others connect: does degree of brokerage persist after the formation of a multipartner Alliance? [J]. Organization science, 2012, 23 (23): 1682-1699.

[353] YUN J, GEUM Y. Analysing the dynamics of technological convergence using a co-classification approach: a case of healthcare services [J]. Technology analysis & strategic management, 2019, 31 (12): 1412-1429.

[354] ZANUTTO E L, BEZRUKOVA K, JEHN K A. Revisiting faultline conceptualization: measuring faultline strength and distance [J]. Quality & quantity, 2011, 45 (3): 701-714.

[355] ZHANG L, GULER I. How to join the club: patterns of embeddedness and the addition of new members to interorganizational collaborations [J]. Administrative science quarterly, 2020, 65 (1): 112-150.

[356] ZHANG L, GUPTA A K, HALLEN B L. The conditional importance of prior ties: a group-level analysis of venture capital syndication [J]. Academy of management journal, 2017, 60 (4): 1360-1386.

[357] ZHENG Y, XIA J. Resource dependence and network relations: a test of venture capital investment termination in china [J]. Journal of management studies, 2017, 55 (2): 295-319.

[358] ZHONG Y-X, REN H. Partner enterprises selection for innovation alliances: a reviews perspective [J]. International journal of research studies in science, engineering and technology, 2015, 2 (10): 8-16.

［359］ ZHOU K Z, LI C B. How knowledge affects radical innovation: knowledge base, market knowledge acquisition, and internal knowledge sharing ［J］. Strategic management journal, 2012, 33（9）: 1090–1102.

［360］ ZOLLO M, REUER J J, SINGH H. Interorganizational routines and performance in strategic alliances ［J］. Organization science, 2002, 13（6）: 701–713.

［361］ ZUKIN S, DIMAGGIO P. Structures of capital: the social organization of the economy ［M］. Cambridge: Cambridge University press, 1990.